Le mOnde a des racinEs Carrées

8 OXYGÈNE

99 EINSTEINIUM

20 CALCIUM

Édition : Élizabeth Paré
Design graphique : François Daxhelet
Infographie : Chantal Landry
Révision : Lise Duquette

Données de catalogage disponibles auprès de Bibliothèque et Archives nationales du Québec

09-18

Imprimé au Canada

Dépôt légal : 2018
Bibliothèque et Archives nationales du Québec

ISBN (version papier) 978-2-7619-4951-4
ISBN (version numérique) 978-2-7619-5154-8

DISTRIBUTEURS EXCLUSIFS :

Pour le Canada et les États-Unis :
MESSAGERIES ADP inc.*
Téléphone : 450-640-1237
Internet : www.messageries-adp.com
* filiale du Groupe Sogides inc.,
filiale de Québecor Média inc.

Pour la France et les autres pays :
INTERFORUM editis
Téléphone : 33 (0) 1 49 59 11 56/91
Service commandes France Métropolitaine
Téléphone : 33 (0) 2 38 32 71 00
Internet : www.interforum.fr
Service commandes Export – DOM-TOM
Internet : www.interforum.fr
Courriel : cdes-export@interforum.fr

Pour la Suisse :
INTERFORUM editis SUISSE
Téléphone : 41 (0) 26 460 80 60
Internet : www.interforumsuisse.ch
Courriel : office@interforumsuisse.ch
Distributeur : OLF S.A.
Commandes :
Téléphone : 41 (0) 26 467 53 33
Internet : www.olf.ch
Courriel : information@olf.ch

Pour la Belgique et le Luxembourg :
INTERFORUM BENELUX S.A.
Téléphone : 32 (0) 10 42 03 20
Internet : www.interforum.be
Courriel : info@interforum.be

Gouvernement du Québec – Programme de crédit d'impôt pour l'édition de livres – Gestion SODEC – www.sodec.gouv.qc.ca

L'Éditeur bénéficie du soutien de la Société de développement des entreprises culturelles du Québec pour son programme d'édition.

Conseil des Arts du Canada / Canada Council for the Arts

Nous remercions le Conseil des Arts du Canada de l'aide accordée à notre programme de publication.

Financé par le gouvernement du Canada / Funded by the Government of Canada | Canada

Nous reconnaissons l'aide financière du gouvernement du Canada par l'entremise du Fonds du livre du Canada pour nos activités d'édition.

Viviane Lalande

Le monde a des racinEs Carrées

8
OXYGÈNE

99
EINSTEINIUM

20
CALCIUM

NOTIONS ÉCLECTIQUES POUR TITILLER VOTRE FIBRE SCIENTIFIQUE

LES ÉDITIONS DE L'HOMME
Une société de Québecor Média

Table des matières

Avant-propos

Même si la lune éclairait la plaine, les sous-bois réclamaient l'usage de nos lampes de poche pour nous repérer dans cette nature noire aux bruits étranges. Du haut de mes huit ans, je me contentais de suivre les adultes qui semblaient savoir où ils allaient. Nous étions en mission : trouver des pelotes de réjection. À l'intérieur de ces boules allongées se cachent les restes de tout ce qu'une chouette n'a pas pu digérer et a donc recraché. Poils, os, coquilles... Une fois la collecte accomplie, nous rentrions, pressés de nous réveiller le lendemain pour décortiquer ces fameuses boules poilues. Une enquête criminelle commençait alors : quel animal avait succombé aux serres de la chouette ? Il ne restait plus qu'à reconstituer le squelette !

Cette activité, proposée par une association de mon village à laquelle mes parents participaient beaucoup, a vivement imprégné ma mémoire. Avec le recul, je pense que mon excitation venait de la transformation, purement intellectuelle, de cette boule terne, à côté de laquelle je serais normalement passée sans y prêter attention, en un trésor de découvertes. Cette boule était l'occasion de parler des chouettes, de la digestion, de la chaîne alimentaire...

Le savoir des animateurs et animatrices transformait le fade en merveilleux. L'inintéressant en intéressant.

Ce basculement de perception me fascine. Il fonctionne avec des pelotes, mais aussi avec d'innombrables sujets a priori sans intérêt. Chaque concept, quel qu'il soit, n'existe pas seul. Il prend racine auprès d'une multitude de notions, chaque ramification ouvrant tout un monde de perspectives et de nouveaux concepts. Dans ce livre, j'aimerais vous faire apprécier ne serait-ce qu'une infime portion de la richesse de cette expérience. Pour cela, j'ai choisi d'adopter la perspective de l'utilité des connaissances, qui nous habite d'ailleurs depuis notre tout jeune âge. Qui ne s'est jamais demandé : « À quoi cela sert d'apprendre la racine carrée ? Le théorème de Pythagore ? Ce qu'est un ion ? La définition du centre de masse ? » C'est dans cet état d'esprit qu'a été rédigé cet ouvrage, avec comme fil rouge des notions de mathématiques, physique ou chimie apprises à l'école et dont nous n'avons peut-être pas perçu l'intérêt à ce moment.

Le besoin de comprendre l'utilité d'un savoir s'est cristallisé en moi alors que j'étais en terminale scientifique (première année de cégep au Québec). Le professeur nous exposait une nouvelle notion mathématique très étrange où l'on collait parfois des « i » à certains nombres... des « nombres complexes », dont nous trouvions le nom particulièrement bien choisi[1] ! L'incompréhension se lisait dans nos yeux de biches éblouies par les phares d'une voiture, mais ne semblait pas le moindrement alerter notre enseignant. C'est en plein exposé qu'a surgi LA question : « Monsieur, à quoi servent ces nombres complexes ? » La réponse ne s'est pas fait attendre et l'élève téméraire s'est fait rembarrer sans ménagement par le

1. Notons que les nombres complexes ne doivent pas leur nom à la complexité de leur étude, mais plutôt au fait que ces nombres sont composés d'un ensemble (un complexe) de deux nombres : des nombres réels et des nombres imaginaires.

professeur agacé, voire choqué, qu'une telle question puisse survenir « à ce niveau-là ». « Vous avez choisi les sciences. Vous ne devriez plus vous poser ce genre de question », avait-il répondu.

Je suis longtemps restée ébahie par cette réponse. Y aurait-il un jour dans notre vie, un moment où nous n'aurions soudainement plus besoin de remettre les choses dans leur contexte pour les comprendre ? Cette idée me semblait tellement improbable que je demeure secrètement persuadée, mauvaise langue que je suis, que mon professeur ne connaissait pas la réponse et qu'il faisait alors semblant de s'indigner.

Il m'a fallu attendre l'université et l'étude des ondes électromagnétiques pour comprendre l'utilité des nombres complexes. Comme souvent, ce n'était qu'une fois l'examen passé que tout s'éclaircissait : « Aaaaaaah, c'est donc ça ! » Ce fameux déclic ne dure qu'une petite seconde, mais c'est la seconde la plus gratifiante durant laquelle on parvient à dissiper le nuage d'incompréhension qui obscurcissait la logique d'un concept. Devenue accro à cette sensation, j'ai continué mes études en sciences et j'ai rapidement voulu partager ce que j'en savais. En 2010, je faisais mes premiers pas en vulgarisation scientifique sous la forme d'un blogue. Trois ans plus tard, je sautais le pas pour réaliser de courtes vidéos[2] publiées sur YouTube sous le nom de Scilabus. Ces vidéos, tout comme ce livre, sont peu à peu devenues pour moi un moyen de nourrir et de partager une curiosité naturelle avec de la science « utile ».

Lorsque je parle de l'utilité de la science, je l'entends au sens large et non à notre usage quotidien, ne serait-ce que parce que l'utilité d'une connaissance est figée dans une bulle temporelle et circonstancielle. Lorsque nos prédécesseurs ont observé que l'agitation d'un aimant à côté d'un fil électrique faisait bouger des

2. Que vous pouvez trouver ici : https://www.youtube.com/scilabus

électrons, ils ne se doutaient pas que cet *électromagnétisme* allait changer notre monde en nous permettant d'inventer moteurs, ordinateurs, éoliennes, plaques à induction... Ces recherches n'ont pas été réalisées dans l'espoir d'une application future, mais pour participer à la construction de notre socle de savoir. Chaque nouvelle connaissance constituant un outil pour bâtir la connaissance de demain.

J'espère que la lecture de ce livre vous sera utile !

Viviane

13 x 2 = livre

Les 13 chapitres de ce livre portent chacun sur une notion de science dont l'ordre n'a pas d'importance. Picorez comme vous le souhaitez[3] ! Chacun de ces chapitres se découpe en deux volets. Le premier (« Au jour le jour ») s'intéresse à l'utilité de la notion dans la vie quotidienne, alors que le second (« Au labo ») s'attelle à la compréhension d'un problème particulier plus poussé appartenant au quotidien de personnes travaillant dans le domaine des sciences. Pour ce deuxième volet, des experts du monde académique et industriel ont bien voulu m'exposer comment ils utilisent la notion centrale du chapitre comme outil dans leur travail.

Lorsque nécessaire, des encadrés ponctuent les chapitres pour exposer une notion précise de mathématiques, de physique ou de chimie. Libre à vous de les lire ou de les sauter selon votre aisance sur le sujet.

3. À l'exception peut-être du chapitre 5, que je vous conseille de ne lire qu'une fois que vous aurez pu vous familiariser avec le chapitre 4.

1

Ondes et autres histoires ondulatoires

Un voisin vibratoire...

C'était notre première nuit dans notre superbe nouvel appartement. Après avoir vécu dans une minuscule chambre miteuse où les souris étaient manifestement bien mieux établies que nous, cet appartement nous semblait sublime. Mais, innocents que nous étions, nous n'avions pas vu qu'une voie ferrée passait à 15 mètres de nos fenêtres.

La première nuit a été celle du désenchantement. Des trains de marchandises de plusieurs kilomètres de long passaient sous nos fenêtres à toute heure de la nuit. De plus, comme nous étions situés à proximité de la gare de triage, les trains restaient immobiles de longues heures sous nos fenêtres. Dès qu'ils démarraient de nouveau, chaque jonction de chaque wagon se remettait sous tension, entraînant un bruit violent et sourd à en faire vibrer nos murs et nos fenêtres.

Notre problème de voie ferrée n'était qu'une manifestation de plus d'une problématique universelle du monde citadin : les bruits générés par le voisinage technologique ou humain. Une autoroute, un voisin amateur de heavy metal, un enfant qui pleure, un couple à l'intimité sportive, une fête, des travailleurs de nuit qui rentrent au beau milieu de la nuit, des animaux qui aboient ou sautent, des travaux, des disputes, la télévision... Si les habitations sont souvent pensées de façon à être isolées thermiquement (voir chapitre 9), les réglementations nationales/fédérales et locales d'isolation phonique existent, mais sont insuffisantes et rarement prioritaires.

Les ondes

Le son, tout comme la lumière, les vagues, les micro-ondes, un séisme, etc., est une onde. Physiquement, et c'est sans doute le plus difficile à comprendre, une onde est un déplacement d'énergie et non de matière. Lorsque des vagues, ces ondes créées par le vent, s'écrasent sur la plage d'un bord de lac, chacune d'elle ne se déplace pas de plus en plus loin sur la plage. La matière qu'est l'eau ne se déplace pas, elle reste en moyenne au même niveau; seule l'énergie de la vague se déplace.

À l'aube suivant cette première nuit, après avoir à peine connu le sommeil, je me suis précipitée sur mon ordinateur à la recherche de solutions. Était-il possible d'améliorer l'isolation une fois une habitation construite? Pouvait-on réduire le bruit de ses voisins ou d'une satanée voie ferrée? « Isolation phonique train » ont dû être les premiers mots que j'ai tapés dans la barre de recherche. J'avais bon espoir. Je savais que le son, comme toutes les ondes, peut être réfléchi, absorbé ou transmis et que, lorsque l'on gêne où que l'on est gêné par son voisinage, la coupable, c'est la transmission sonore (et un peu le voisin tout de même).

Réflexion, absorption et transmission de l'onde

Une onde est **réfléchie** quand elle rebondit sur une surface qui la dirige dans une autre direction. Elle est **absorbée** quand elle pénètre dans le matériau et n'en ressort pas. Et enfin elle est **transmise** lorsqu'elle pénètre le matériau et le traverse pour continuer son chemin de l'autre côté.

À moins d'être conçus d'une manière spécifique, les murs et les sols sont souvent perméables au son. Les vibrations sonores générées par les wagons se déplacent dans la terre (et dans l'air), percutent les fondations, les poutres, les murs et les plafonds, qui se mettent eux-mêmes à vibrer. Ces oscillations visuellement imperceptibles font également vibrer les molécules d'air en contact avec la structure de la bâtisse, puis se transmettent de proche en proche dans toute l'habitation : chaque surface de la maison devient alors un haut-parleur géant. Chez nous, quand le bâtiment avait été construit, la voie ferrée existait déjà. Du triple vitrage avait été installé pour parer aux bruits aériens (se déplaçant dans l'air), mais cela n'améliorait en rien les bruits solidiens (se déplaçant dans le sol).

Les solutions d'isolation acoustique à plusieurs dizaines de milliers de dollars ne pouvant être envisagées, des solutions « maison » à petit budget se sont présentées à moi. Sans conteste la plus populaire, l'une d'elles consiste à tapisser ses murs de boîtes d'œufs. J'ai donc rapidement évalué cette option.

Pour empêcher la transmission du son, il faut qu'un matériau soit le plus lourd possible. Plus le matériau sera lourd et dense, plus l'onde aura du mal à pénétrer le matériau et plus elle sera réfléchie (vers le train !). On appelle cela **la loi de la masse**. Or, quiconque a déjà tenu une boîte d'œufs vide dans ses mains sait qu'elles sont, pour ainsi dire, la définition de la légèreté. Étant donné leur masse négligeable, les boîtes d'œufs n'ont pas d'effet réellement audible pour réduire le bruit transmis. La seule chose qu'elles augmentent de manière significative, ce n'est pas l'isolation, mais le risque d'incendie !

L'efficacité de ces boîtes est un mythe.

Admettons toutefois que les boîtes d'œufs sont surtout conseillées non pas pour l'isolation, mais pour améliorer la qualité du son à l'intérieur d'une pièce, ce que l'on appelle la *correction acoustique*. Si l'isolation sonore s'apparente à de la chirurgie lourde, la correction acoustique est une affaire de maquillage qui s'intéresse au fini des surfaces. Les mélomanes tentent alors de trouver la bonne proportion de surfaces réfléchissantes, absorbantes et diffusantes à placer aux bons endroits en fonction de la géométrie de la pièce.

Malheureusement pour les fervents partisans de la boîte d'œufs, même utilisée dans cette optique, ces cartons en papier recyclé sont ici aussi bien trop fins pour absorber les ondes sonores de façon efficace et surtout sur des bandes de fréquences pertinentes pour l'amélioration du son.

Un mythe complet, vous dis-je !

Réduire considérablement les nuisances sonores est une tâche dont la complexité est amplifiée par la façon dont nous percevons le son. La gamme d'amplitude sonore que nous pouvons entendre est tellement grande que nous sommes peu sensibles aux faibles variations d'intensité. Ainsi, une différence de 3 décibels (dB) correspond à une intensité sonore qui passe du simple au double ! Mais c'est aussi seulement à partir de 3 dB qu'on commence à percevoir qu'il y a eu un changement. Il faut donc doubler le nombre de violonistes dans un orchestre pour que le spectateur se rende compte que le volume sonore a changé.

Une fois oubliées les boîtes d'œufs, j'ai réorienté mes recherches vers quelque chose de lourd afin de respecter la loi de la masse. Qu'en serait-il avec des rideaux épais?

Il s'avère qu'eux non plus ne sont pas assez denses pour atténuer de manière importante le son du passage d'un train. En réalité, même une plaque de plâtre ne suffirait pas pour notre isolation. Lorsque l'on parle de matériaux denses, on fait référence à des parois en béton ou en brique. Les rideaux, à côté, sont une peau de chagrin. Toutefois, contrairement aux boîtes d'œufs, les rideaux en tissu dense (le velours étant idéal) sont efficaces pour la correction acoustique évoquée plus haut. En observant le tissu à la loupe, on peut voir ses multiples aspérités. Ce sont elles qui permettent d'absorber les fréquences sonores les plus aiguës dont la longueur d'onde est petite, soit de l'ordre de la distance entre les vallées et les montagnes microscopiques du rideau. Ainsi, ces ondes courtes perdent graduellement leur énergie à se réfléchir dans ces « trous » sans en trouver la sortie, ce qui élimine la réflexion vers la pièce de toute une gamme de fréquences.

Dans cet ordre d'idée, pour améliorer la qualité sonore des vidéos de science que je réalise[1], j'ai moi-même ajouté une vieille couette sur un des murs de la salle où j'enregistre. La qualité du son que mon micro capte en est améliorée, mais ma pièce n'est pas mieux isolée pour autant.

Mes options pour m'isoler de ce satané train s'amenuisaient. Mes recherches m'amenèrent alors au constat suivant : comme je ne pouvais pas ajouter suffisamment de masse à mes murs, la seule solution efficace qui s'offrait à moi était le découplage, qui s'apparente dans ce cas-ci à la création de poupées gigognes, comme les poupées russes. Il me fallait créer à l'intérieur de mon appartement une habitation ou une salle qui ne serait reliée avec

1. Vous pouvez les trouver ici : https://www.youtube.com/scilabus

le reste de la planète qu'avec des ressorts[2]. Ces derniers serviraient à amortir les vibrations venues de l'extérieur, empêchant ainsi tout type de transmission à l'intérieur. Cela peut sembler fou, mais certaines salles de concert sont conçues ainsi.

Bref, le découplage était ***la*** solution idéale à mon problème de train ! Dommage que les constructeurs n'y aient pas songé avant moi… En effet, nul besoin de découpler chacun des appartements, puisque des tranchées auraient pu être creusées de part et d'autre des rails pour bloquer les chemins des vibrations. Les rails du train eux-mêmes auraient aussi pu être posés sur une mousse spéciale, isolant ainsi tous les voisins le long de la voie ferrée des bruits issus des rails.

Mais cette façon de procéder est coûteuse, et il aurait fallu y penser avant de poser les rails… À vrai dire, l'isolation phonique est surtout efficace quand elle est prévue en amont de la construction, en réduisant avant tout la **source** sonore. De surcroît, plus on s'éloigne de celle-ci, plus il est difficile de s'en isoler tant le son provient de partout. Par exemple, si vous entendez le robot culinaire de votre voisin mitoyen, cela peut être par la transmission des vibrations du robot à l'air, puis aux murs ; ou encore au plan de travail, au sol, aux murs ; ou bien encore du robot à l'air, à l'extérieur, à vos vitres… Bref, tout cela ne me laissait que bien peu d'espoir pour isoler mon « sublime » appartement.

Puisque la loi de la masse et le découplage ne pouvaient régler mon problème, il me restait à exploiter une méthode peu orthodoxe. Celle qui consiste à créer des bruits de masquage. La nuit, si le tic-tac d'une horloge vous empêche de dormir, c'est parce que chaque tic est une *émergence* sonore qui se distingue du bruit de fond. Mais si ce dernier était constant et de même amplitude ou

2. Le terme de « ressort » désigne tout type de matériau qui se comporte comme un amortisseur. Des mousses spécialisées sont des types de ressorts.

plus fort que ces émergences, alors le tic-tac ne poserait pas de problème. Ainsi, faire fonctionner un ventilateur pour masquer les émergences sonores est une solution efficace pour retrouver le sommeil !

Mais, dans mon cas, le bruit de fond (le vacarme !) nécessaire pour annuler celui du train m'aurait tenue tout aussi éveillée que le bruit du train lui-même. Une autre solution, efficace surtout pour les bruits constants, est le casque d'écoute à réduction du bruit. Il analyse le son ambiant et crée une onde miroir à celle reçue. Ainsi, les deux sons s'annulent, créant du silence. Mais encore faut-il se résoudre à dormir avec un casque...

En résumé, en cas de bruit dans le voisinage, l'idéal demeure encore de bien s'entendre avec ses voisins et de négocier avec eux une solution acceptable pour les deux parties. Pour ma part, je n'ai pas pu m'entendre avec le train et nous avons déménagé.

L'entrechoc des trous noirs

Il y a des voisins dont on se passerait bien volontiers et d'autres que l'on cherche, au contraire, désespérément à joindre. À un point tel que l'on construit des machines extrêmement complexes pour détecter leur présence. Ces voisins ne sont pas humains, ils se trouvent à des milliards d'années-lumière de nous et ils détiennent des informations primordiales sur l'origine de notre univers. De quoi nous donner envie de les écouter avec une extrême attention…

Rainer Weiss, Barry C. Barish et Kip S. Thorne sont les prix Nobel de physique 2017. Ces trois physiciens[3] sont à l'origine de la mesure des ondes gravitationnelles dont la notion avait été théorisée il y a plus d'un siècle par l'illustre Albert Einstein. Tout comme les ondes sonores ou électromagnétiques, les ondes gravitationnelles sont des déplacements d'énergie, mais qui se font par le biais de déformations du milieu dans lequel baignent tous les

3. Avec le concours de centaines d'autres scientifiques, techniciens, ingénieurs, administrateurs, etc.

astres : l'espace-temps[4]. Illustrons ce que sont ces ondes par un exemple simple. Lorsque nous nous asseyons sur un canapé, nous déformons le coussin qui nous supporte du fait de notre poids (certains moins que d'autres d'ailleurs). Que cela soit nous ou n'importe quel objet sur le canapé, chaque élément déforme le coussin de façon proportionnelle à sa masse. Par exemple, un téléphone induit une déformation quasi imperceptible (à moins que l'on parle d'un téléphone fixe des années 1930…). Elle est si faible que, si celui-ci se trouve à proximité de nous, il glissera vers notre fessier. Dans cette analogie, nous représentons une étoile ou un trou noir, le canapé représente l'espace-temps, sa déformation représente la gravité de notre fessier ou du téléphone et le téléphone correspond à n'importe quel autre objet céleste moins massif (tel qu'une planète, des débris, une petite étoile).

Maintenant, si, au lieu de nous asseoir, nous nous laissons tomber sur le canapé, cette fois-ci le téléphone sera propulsé dans les airs… alors même que nous ne l'avions pas touché en tombant. Le contact de notre fessier avec le canapé a été si vif qu'il a créé une onde qui s'est propagée dans le canapé et que le téléphone a ressentie. Les ondes gravitationnelles sont similaires à nos ondes de canapé, à la différence près qu'elles ne proviennent pas d'un fessier, mais d'un événement intense et soudain impliquant un ou plusieurs objets massifs célestes – par exemple une étoile qui implose, deux trous noirs qui entrent en collision… Les ondes qui en résultent voyagent dans l'espace-temps jusqu'à ce que nous en captions les ondulations sur Terre, comme le téléphone sur le canapé, à la différence près que ces ondes sont tellement lointaines qu'elles sont devenues à peine perceptibles sur notre planète !

4. L'espace-temps est une représentation mathématique d'un espace en quatre dimensions qui fait de l'espace et du temps deux notions inséparables. Nous ne nous y attarderons pas plus en détail dans ce livre.

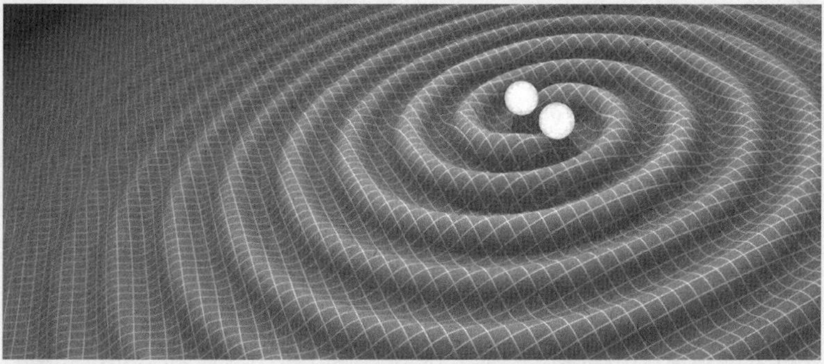

Figure 1.1 Deux étoiles sur le point de fusionner ensemble produisent des ondes gravitationnelles.

Pour mesurer de telles oscillations, des appareils immenses appelés interféromètres[5] ont été installés dans les États de Washington et de Louisiane, aux États-Unis, mais aussi en Europe. Bien que les détections qu'ils permettent soient l'objet d'une collaboration internationale, nous nous focaliserons ici sur les détecteurs localisés en Amérique du Nord, les premiers à avoir détecté la toute première onde gravitationnelle.

Les interféromètres mesurent des interférences. Ces dernières peuvent se représenter par le fait de jeter deux cailloux à une certaine distance l'un de l'autre, chacun produira des vagues dont la forme changera au moment de leur rencontre : elles interféreront. En regardant simplement les interférences des ondes, on peut déduire les propriétés des ondes à l'origine de celles-ci. Les interféromètres utilisés pour les ondes gravitationnelles sont composés de deux lasers de 4 km de long, perpendiculaires, qui interfèrent optiquement entre eux. Sur une telle distance, si l'espace-temps est déformé, l'onde lumineuse du laser le sera aussi

5. L'interféromètre est une structure complexe. Je vous invite à jeter un œil à l'explication (en anglais) du laboratoire qui a réalisé ces mesures : https://www.ligo.caltech.edu/page/what-is-interferometer

et on pourra voir un nouveau diagramme d'interférence dans l'appareil de mesure. « Voir » est un bien grand terme, car le déplacement qui a été observé est minuscule : de l'ordre d'un millième du diamètre d'un proton (10^{-18} m).

Toutes les mesures sont effectuées simultanément par les interféromètres de Washington et de Louisiane. En ayant deux appareils de mesure aussi éloignés l'un de l'autre, on s'assure que les vibrations mesurées proviennent bien d'une source extraterrestre et non d'un séisme local ou simplement de la circulation routière. Car les vibrations, ce n'est pas ce qui manque autour de nous. En permanence, les capteurs détectent les tremblements terriens (le passage d'un avion, des mouvements géologiques, etc.) et cosmiques. Tout se confond, les ondes se mélangent. Il y en a tellement que c'est une cacophonie ! Même si ces oscillations ne sont pas sonores, c'est ce que l'on appelle du *bruit* : des informations de vibration qui se confondent et qui, a priori, ne nous intéressent pas.

Un signal se distingue du bruit par son intensité, qui est beaucoup plus forte. La notion de rapport signal/bruit est cruciale. Quand, par exemple, vous êtes dans une foule avec un brouhaha ambiant et que, subitement, vous vous retournez parce que quelqu'un commence à parler au micro, c'est parce que le rapport signal/bruit vous a permis de détecter qu'il y avait un son beaucoup plus fort (et sans doute plus important) que le reste. Mais comme vos cris vains pour attirer de loin l'attention de quelqu'un dans une foule bruyante, les signaux à détecter se fondent parfois dans la cacophonie ambiante, ce qui complique la tâche des scientifiques pour les détecter.

Le 14 septembre 2015 à 4 h du matin, alors que les détecteurs étaient en phase finale de test, un signal beaucoup plus fort que les autres et d'une durée de 0,15 seconde est apparu sur les instruments de mesure. C'était le premier signal d'une onde gravitationnelle. Un signal d'onde pareil, visible à l'œil nu (ce qui est exceptionnel), correspondait forcément à un événement cosmique majeur.

Propriétés d'une onde

Les ondes captées, qu'elles soient gravitationnelles, sonores ou lumineuses, se définissent toutes avec seulement trois informations:

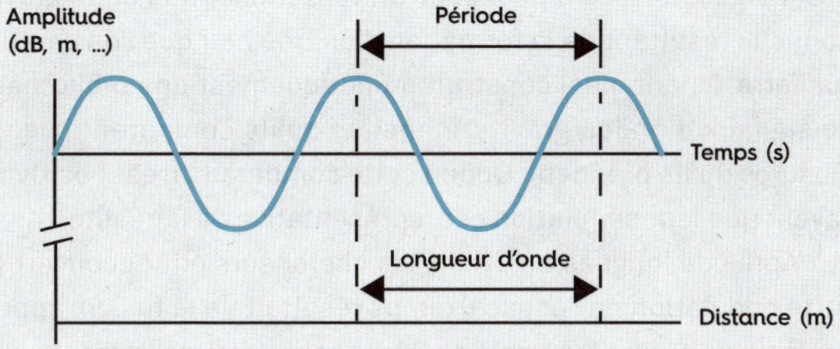

Figure 1.2 Propriétés d'une onde.

- **La fréquence** représente le nombre de fois que l'onde réalise un cycle complet en une seconde (son unité de mesure est le Hertz, noté Hz). Deux autres grandeurs sont parfois utilisées à la place de la fréquence, mais elles représentent physiquement la même chose. La **longueur d'onde** représente la distance (en mètres) entre deux pics de l'onde et la **période** représente le temps qu'il faut à l'onde pour faire un cycle complet (en secondes) (figure 1.2).
- **L'amplitude** représente à quel point l'onde est forte (son unité est le décibel pour le son, le mètre pour des vagues, le lux pour de la lumière, etc.).
- **La phase,** dont nous ne parlerons pas dans la suite, représente le point de départ de l'onde.

À partir du signal détecté, on dispose de deux types d'information : la fréquence et l'amplitude des ondes. C'est tout. Avec si peu, il est impossible de deviner quel événement est à l'origine de l'émission de ces ondes. Il faut alors avoir recours à des modèles numériques. Par exemple, sachant comment se forme un trou noir, les physiciens simulent informatiquement, selon tous les scénarios imaginables, ce à quoi pourrait ressembler une onde gravitationnelle résultant de la formation d'un trou noir que l'on capterait sur Terre. Ils ont ainsi construit numériquement une bibliothèque de signaux d'ondes gravitationnelles qu'ils comparent avec les mesures qu'ils prennent. Quand cette comparaison est positive, ils savent que leur simulation est représentative de la réalité.

Après de longues analyses, les chercheurs ont découvert que cette ondulation de l'espace-temps résultait de la fusion, appelée coalescence, d'un trou noir de 29 masses solaires[6] avec un autre de 36 masses solaires. Ce fut un choc dans le monde de l'astrophysique. Comme les physiciens n'avaient pas prévu l'existence d'aussi gros trous noirs, peu de simulations comparatives étaient disponibles. Ils ont donc dû enrichir leur bibliothèque d'ondes pour trouver quel avait été le scénario originel.

La fusion qui a été captée a donné lieu à un trou noir énorme de 62 masses solaires. Or, si l'on additionne les masses des deux trous noirs, 29 + 36, on obtient 65 et non 62. La conservation de la masse et de l'énergie (voir chapitre 8) s'applique également à des « objets » aussi étranges que les trous noirs. Les trois masses solaires manquantes ne peuvent pas avoir disparu : elles correspondent à l'énergie qui s'est dissipée sous forme d'ondes gravita-

6. Une masse solaire équivaut à 1,9984 x 10^{30} kg, soit à peu près 2 milliards de trilliards de kilogrammes. C'est un chiffre tellement énorme et incommode que les astrophysiciens ont inventé la masse solaire, plus pratique pour communiquer.

tionnelles pour parvenir sur Terre, 1,3 milliard d'années plus tard[7]. Les ondes captées avaient des fréquences entre 30 et 500 Hz, ce qui correspond à des fréquences qui, une fois converties en ondes sonores, sont audibles pour nous, humains. Les chercheurs ont alors réalisé cette conversion : au lieu de faire osciller l'espace-temps, ils ont fait vibrer une membrane de haut-parleur à la même fréquence que les ondes détectées. Le tout peut s'écouter sur Internet[8], je vous le recommande. Ce que vous entendrez, c'est l'équivalent d'une vague de l'espace-temps qui a voyagé pendant 1,3 milliard d'années, à travers l'espace. Quand elles ont été émises, l'Homme n'existait pas encore...

Mais revenons aux ondes. Non seulement la détection elle-même était un événement scientifique majeur qui a soulevé de nouvelles questions, mais la nature de la détection constituait elle aussi une grande avancée dans la compréhension de la formation des trous noirs et de la composition de l'univers au moment de leur formation. Les trous noirs se forment à partir d'une très grosse étoile. Au cours de sa vie, l'étoile n'est pas inerte et elle produit des « vents ». Nos vents terrestres sont composés d'air et restent autour de notre planète. Mais les vents stellaires, eux, sont composés de matière provenant de l'étoile et s'échappent de celle-ci, comme si elle s'effritait avec le temps. Ainsi, à la fin de sa vie, quand elle se prépare à s'effondrer sur elle-même pour devenir un trou noir, elle aura beaucoup minci par rapport à ses origines et ne présentera plus qu'un certain pourcentage de sa masse originale.

7. Dès lors que l'on mesure des vibrations ou que l'on observe l'espace, c'est comme si on remontait dans le temps. La lumière ou les ondes gravitationnelles se déplacent à la vitesse de la lumière (environ 300 000 km par seconde), et ces trous noirs sont tellement loin que l'onde que nous captons aujourd'hui a été émise il y a 1,3 milliard d'années. Si vous rêvez de voyager dans le temps, levez la tête lors d'une soirée étoilée : c'est toute l'histoire de notre univers qui se déroule sous vos yeux.

8. https://youtu.be/egfBaUdnAyQ

Lorsque les physiciens lèvent les yeux au ciel et font des prédictions, ils se basent sur la composition de l'univers qu'ils connaissent, celle d'aujourd'hui : « Avec un univers tel que celui que nous connaissons, une étoile composée de tels éléments peut faire telle masse ; au bout de X années, elle se transformera en un trou noir qui aura une taille entre Y et Z. » Même si ce raisonnement est extrêmement simplifié, il illustre bien que la prédiction de la taille des trous noirs part de la connaissance des éléments qui composent actuellement notre univers.

Les trous noirs détectés le 14 septembre 2015 sont beaucoup trop gros par rapport aux prédictions qui avaient cours jusque-là. Cela veut donc dire que l'univers avait une composition très différente lors de leur formation, il y a 4 à 8 milliards d'années[9]. Voilà une découverte qui a de quoi chambouler le monde de l'astrophysique !

Les ondes sont, pour moi, un des sujets les plus fascinants de la physique. Nous sommes bercés et émotionnellement touchés par la musique, cette collection de fréquences bien agencées. Nous nous réchauffons auprès d'un feu émetteur de précieuses ondes infrarouges, nous mangeons des plats réchauffés au micro-ondes et racontons à nos amis, via notre réseau d'ondes téléphoniques, comment nous avons joué dans les grandes ondes mécaniques que sont les vagues de la mer. Nous nous divertissons devant la télé (ou YouTube) et transmettons notre savoir de génération en génération en faisant osciller nos cordes vocales. Nous nous émerveillons devant les couleurs vives d'un champ de coquelicots et sommes rebutés par un choix vestimentaire douteux, lorsque les ondes du spectre visible ne sont pas assemblées à notre goût. Les médecins nous auscultent avec leur stéthoscope

9. Notez que les étoiles à l'origine des trous noirs ont dû se former il y a 4 à 8 milliards d'années, mais les ondes que nous captons retracent leur fin de vie, il y a 1,3 milliard d'années.

qui capte les vibrations du sang dans nos veines, ils nous font passer des examens médicaux avec des rayons X ou bien écoutent le futur bébé avec des ultrasons, alors que ce même bébé se rassure avec les battements du cœur et la voix de sa mère. Nous rentrons chez nous grâce au GPS qui nous guide depuis l'espace, lui-même scruté par les astrophysiciens à l'écoute des ondulations de l'espace-temps pour, simplement, comprendre l'origine de l'univers...

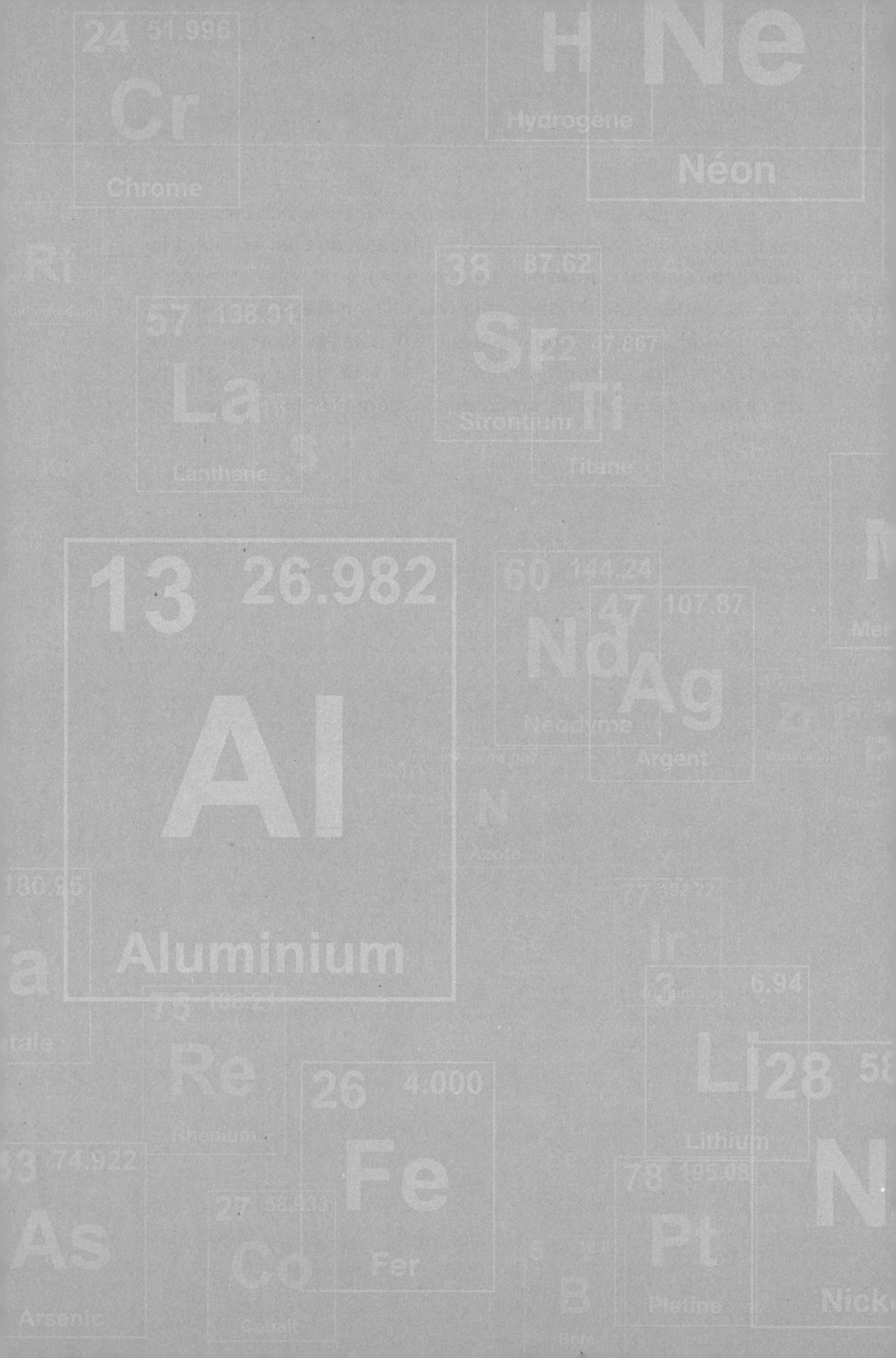
24 51.996
Cr
Chrome
H
Hydrogène
Ne
Néon
38 87.62
Sr
Strontium
57 138.91
La
Lanthane
Ti
Titane
13 26.982
Al
Aluminium
60 144.24
Nd
Néodyme
47 107.87
Ag
Argent
N
Azote
180.95
77 192.22
Ir
3 6.94
Li
Lithium
28 58
Ni
Nick
Re
Rhénium
26 4.000
Fe
Fer
74.922
As
Arsenic
27 58.933
Co
Cobalt
78 195.08
Pt
Platine
B

2

Élémentaire, le tableau périodique

Tout ce qui est, lévite

Qu'est-ce que le toucher ? Sentez-vous la couverture de ce livre dans vos mains ? Sentez-vous ses contours, sa rugosité, sa température ? Et si on regardait avec un microscope, comment définirait-on le contact entre la surface de vos mains et le papier ? Et même au-delà du microscope... si on pouvait voir ce qu'il se passe à l'échelle de l'atome ?

Sur chacune des surfaces que l'on pense être *en contact*, des électrons chargés négativement orbitent autour des noyaux des atomes. Comme deux aimants dont on essaierait d'approcher deux pôles identiques, les électrons de notre peau repoussent les électrons de ce livre et ne se touchent, littéralement, jamais.

Vous ne touchez pas ce livre. Il est en train de flotter à une distance imperceptible dans vos mains grâce à « la Force » : la force électrique. Ainsi, la fameuse Force de l'univers de *Star Wars* est déjà une réalité ; seul contretemps, elle ne fonctionne qu'à des distances infimes.

Le toucher, à l'échelle atomique, ne se définit pas comme deux surfaces en contact dont la distance entre les deux est nulle... mais plutôt comme l'interaction électrique des atomes d'une surface et de l'autre.

La structure atomique

Un atome est composé d'un noyau entouré d'un nuage de particules appelées **électrons.** À l'intérieur du noyau se trouvent d'autres particules, nommées **protons** et **neutrons,** collées les unes aux autres dans un tout petit espace. Pour chacun des éléments du tableau périodique, la forme neutre est celle où l'atome comprend le même nombre de protons et d'électrons. Les protons étant chargés positivement et les électrons négativement, un atome est électriquement neutre tant qu'il ne perd pas ou ne gagne pas d'électrons. Le nombre de protons, lui, ne change que lors de conditions très particulières. C'est d'ailleurs le nombre de protons qui distingue un élément d'un autre. Par exemple, l'oxygène a un proton de plus que l'azote. Le nombre de neutrons quant à lui permet de distinguer les isotopes, une sorte d'autre version d'un même élément.

Cette troublante compréhension du toucher est le fruit d'une lente évolution. Avant le 18e siècle, la chimie et la connaissance des atomes n'existait pas vraiment. L'alchimie, « science » de l'époque aujourd'hui reconnue comme occulte, dominait. On ne savait alors presque rien des atomes, des molécules, des alliages, des mélanges. L'obsession de certains alchimistes était de créer la pierre philosophale qui serait à l'origine d'un élixir de vie et qui aurait la propriété de changer les métaux dits « vils » en métaux « parfaits » tels que l'or. La pierre philosophale de l'univers de Harry Potter s'inspire donc d'une réalité historique, à cela près qu'elle n'existe pas dans le monde réel.

Ils l'ignoraient, mais transformer un métal en un autre, ce que l'on appelle une transmutation, impliquait d'être à même d'ôter ou d'ajouter au moins un proton dans le noyau de l'atome. Ces procédés, aussi connus aujourd'hui sous le nom de fission et de fusion nucléaire, réclament des centrales nucléaires pour être réalisés.

Le tableau périodique

Tous les éléments chimiques sont recensés dans le «tableau périodique des éléments», un outil fascinant de la chimie créé par Dimitri Mendeleïev[1] et enrichi par de nombreux chimistes qui lui ont succédé (figure 2.1). Tous les éléments sont rassemblés dans un ordre logique et numérotés selon le nombre de protons en leur noyau. Il se lit comme un livre (de gauche à droite et de haut en bas), où chaque case a un proton de plus que la case qui la précède. De très nombreuses propriétés peuvent être extraites du tableau en un coup d'œil par des chimistes aguerris. Par exemple, les atomes sont de plus en plus petits à mesure que l'on se déplace vers la droite du tableau et vers le haut. Ainsi, les plus gros atomes sont en bas à gauche et les plus petits en haut à droite.

1. Dimitri Mendeleïev était un chimiste russe de la fin du 19e siècle. À cette époque, tous les éléments que nous connaissons aujourd'hui n'avaient pas été découverts et Mendeleïev a pu prédire l'existence de certains d'entre eux grâce à l'élaboration de sa classification.

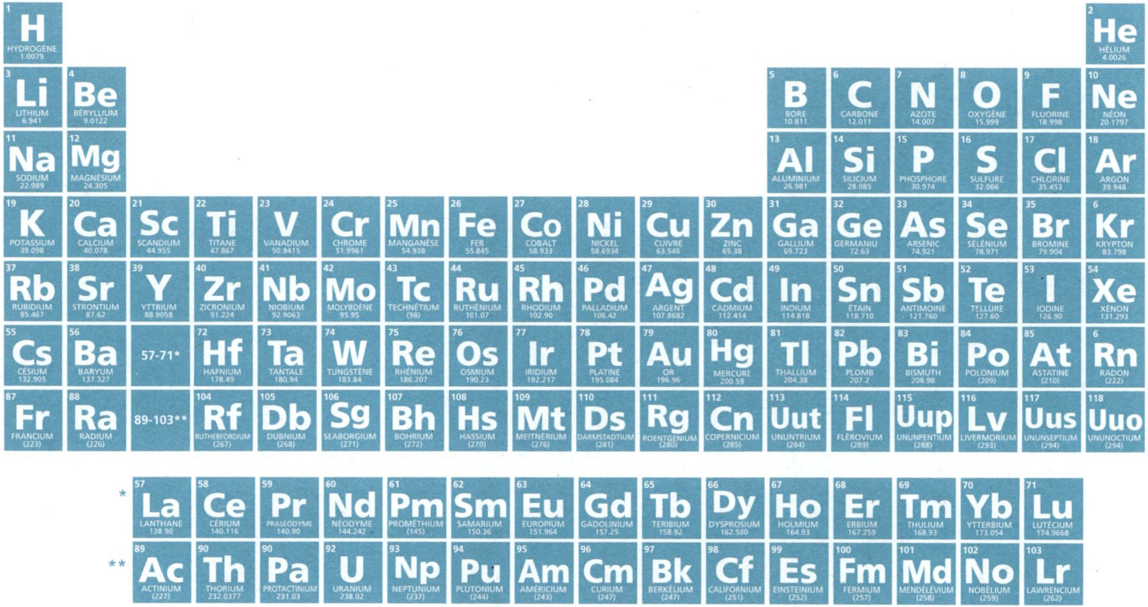

Figure 2.1 Le tableau périodique des éléments

Avec quelques alambics et un feu de bois, ils ne se doutaient pas de la complexité de leur entreprise et de l'utopie sur laquelle ils fondaient leurs espoirs. Avec leurs méthodes moyenâgeuses, ils pouvaient au mieux arracher des électrons à des éléments. Chose d'ailleurs très courante puisque cela se produit de manière naturelle (la corrosion ou l'électricité statique en sont des exemples), mais cela ne change pas la nature d'un élément pour autant : du fer rouillé reste du fer.

La quête des alchimistes a cependant été accomplie dans les années 1980 par des chercheurs du Lawrence Berkeley National Laboratory (LBNL) en Californie. Mais cette fois-ci, aucun manuscrit ancien à déchiffrer, il fallait « juste » un accélérateur de particules. En propulsant des particules à une vitesse proche de la vitesse de la lumière contre une plaque de bismuth (un métal proche du plomb dans le tableau périodique), ils sont parvenus à créer un choc tellement puissant que des protons et des neutrons de bismuth ont été arrachés de leur noyau. Lorsque quatre protons ont été enlevés, le bismuth est devenu de l'or ou des isotopes de l'or.

Les isotopes

Un isotope est une autre version d'un atome pour laquelle la seule différence se trouve dans le nombre de neutrons. Les propriétés chimiques sont les mêmes pour tous les isotopes, alors que les propriétés physiques, elles, diffèrent (par exemple, un isotope peut être radioactif quand un autre ne le sera pas). Ainsi, dans le cas présent, lorsque le nombre de neutrons dans le noyau d'or diffère de 118, il s'agit d'un isotope de cet atome.

Les quantités produites étaient si infimes qu'ils ont dû déduire l'existence d'or par des techniques de mesure de radiation[2]. Un des auteurs de l'étude et porteur d'un prix Nobel, Glenn Seaborg, estimait en 1999 que la production de 28 g d'or avec cette technique coûterait un million de milliards de milliards de dollars. Le rêve de pierre philosophale a encore de l'avenir devant lui pour être rentable !

De nos jours, la transmutation est monnaie courante dans les centrales nucléaires, mais pas pour les mêmes raisons que les alchimistes. L'acte de fission nucléaire produit énormément d'énergie que l'on peut emmagasiner et utiliser pour nos besoins électriques. Le fait que l'on transforme un atome en un autre, finalement, n'est devenu qu'un moyen et non une fin, comme elle pouvait l'être pour les alchimistes.

Les connaissances que notre civilisation a acquises sur la composition de la matière, les éléments chimiques qui existent, ont aussi l'attrait de nous apporter un regard plus philosophique sur ce qui nous entoure. Tous les éléments que l'on trouve à l'état naturel, les 94 premiers éléments du tableau, ont pu être créés lors de deux événements cosmiques appelés « nucléosynthèses ». Le premier a eu lieu dans les dizaines de minutes qui ont suivi le big bang, il y a 13,7 milliards d'années. À ce moment-là, les éléments les plus légers (comme l'hélium ou encore le deutérium, un isotope de l'hydrogène) ont été créés. Le second se produit au cours de la vie ou à la mort des étoiles, pour former les éléments plus lourds. Notre planète, notre atmosphère, nos roches, nos arbres, nos océans, nos poissons, nos animaux et nous-mêmes sommes composés de poussières d'étoiles ayant explosé bien

2. Certains isotopes sont instables et émettent des radiations lors de leur désintégration. Ce sont eux que les chercheurs ont pu mesurer. L'or à l'état stable, lui, n'a pas été directement mesuré.

avant notre ère. Ces 94 éléments et leurs assemblages possibles sont les bâtisseurs de notre univers.

Sans même avoir besoin de tous ces éléments, l'ADN qui code nos gènes, qui définit notre être ainsi que tous les êtres vivants du monde, ne se compose que de cinq éléments : l'hydrogène, le carbone, l'azote, l'oxygène et le phosphore. C'est tout.

Une enquête jusqu'à l'infiniment petit

La recherche sur les atomes et leurs secrets est en pleine explosion. En attestent les très récentes découvertes liées au boson de Higgs, une nouvelle particule élémentaire jusqu'alors inconnue. Mais les éléments font aussi partie du quotidien des scientifiques, ingénieurs et chercheurs. Leur utilisation n'est pas forcément au cœur du travail de ces derniers, mais souvent juste un outil, comme en témoigne le récit suivant.

Une boîte vient d'être livrée dans le bureau de Mme Murray. À l'intérieur se trouve un robinet dont elle a pour mission de retracer l'histoire.

Quelques mois auparavant, le 22 janvier 2011, le téléphone du chef des activités techniques d'un hôpital montréalais avait sonné pour annoncer la mauvaise nouvelle. Un geyser d'eau atteignant le plafond sortait du lavabo d'une des chambres de l'hôpital. Le robinet censé empêcher cet incident gisait au sol. Bilan ? Cinq étages inondés, trois heures trente à éponger l'eau et des dégâts évalués à près de 60 000 $ CAD (environ 40 000 €).

Que s'est-il passé ? Pourquoi le robinet a-t-il été propulsé dans les airs ? Qui est responsable de cette défaillance ? Et de façon pratique... qui va payer pour les frais engendrés ? C'est ici que commence notre découverte de *l'ingénierie forensique,* aussi nommée *expertise en assurance,* qui va nous mener d'une chambre d'hôpital à un tribunal de justice en passant par l'analyse de la composition chimique des matériaux.

Dans un monde idéal, l'experte se serait rendue sur les lieux, aurait constaté les dégâts, pris des photos et prélevé tous les éléments suspects, comme dans les séries télé. Ces informations aident l'œil de l'expert à reconstituer les événements.

Mais pas cette fois-ci. Mme Murray devait faire sans. Le temps avait passé et tous les robinets de l'hôpital avaient été changés en prévention.

Son travail à la Sherlock Holmes commence au laboratoire. Munie de gants pour éviter toute contamination, elle commence son analyse visuelle du robinet (figure 2.2) en l'explorant sous tous ses angles. Elle prend en note tous les détails ; les dimensions, l'agencement des pièces entre elles, les traces de l'utilisation d'outils, tout est scruté.

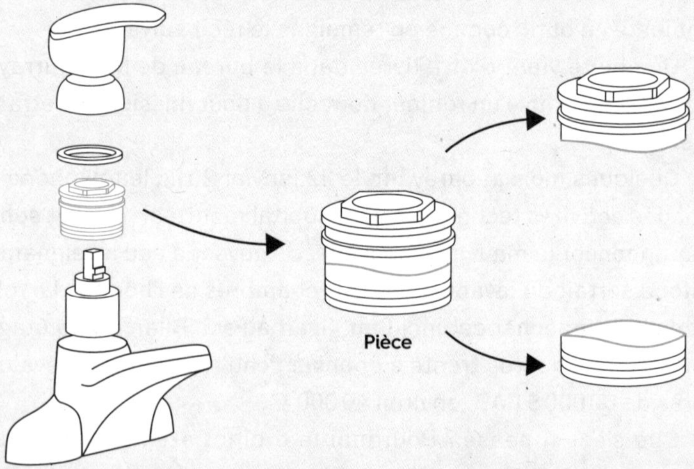

Figure 2.2 À gauche, le robinet dans une vue éclatée de toutes ses pièces. À droite, la pièce vue de côté qui s'est fissurée en deux parties.

Rapidement, Mme Murray s'aperçoit qu'une des pièces est coupée en deux (figure 2.2). C'est sans doute elle, la coupable de la défaillance du robinet ! L'analyse se concentre à présent sur la fissure. Armée de son microscope, la spécialiste peut observer, grossi 80 fois, le matériau composite : des fibres de verre s'entremêlent dans le plastique du robinet (figure 2.3).

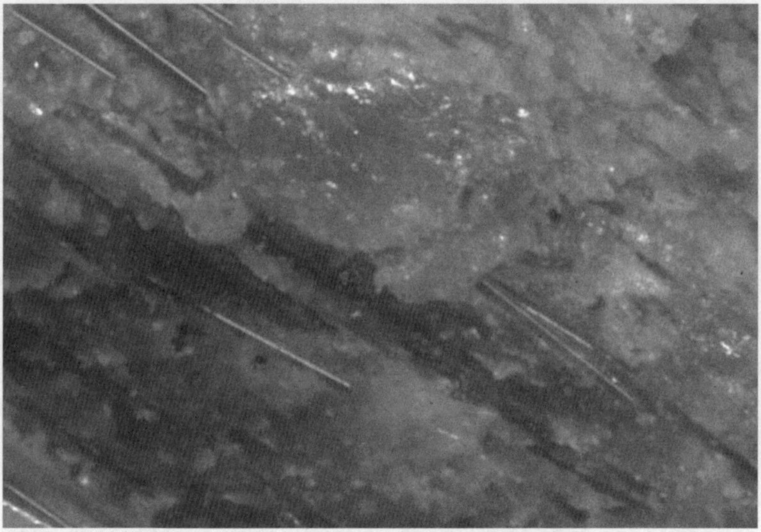

Figure 2.3 Observation du matériau au microscope

Car, oui, sous leurs airs métalliques et solides, les robinets mentent sur leur identité. Le métal n'est qu'un revêtement trompeur. Le cœur de l'objet, lui, est un polymère, communément appelé « plastique ». L'élément carbone constitue la pièce maîtresse de tous les plastiques. Il se lie à d'autres éléments tels que l'hydrogène, l'oxygène, l'azote, le chlore, le sulfure ou bien d'autres carbones. Parmi les plastiques que nous côtoyons couramment, nous retrouvons le polyéthylène qui forme nos sacs en plastique.

À l'échelle des atomes, ce plastique est composé de deux atomes de carbone et quatre d'hydrogène que l'on représente avec la formule chimique suivante : $(C_2H_4)_n$. En d'autres mots, lorsque le motif moléculaire « C_2H_4 », un hydrocarbure qui s'appelle éthylène, se répète n fois, il devient un polymère, le *poly*éthylène. Étonnamment, en ne modifiant que peu la formule chimique au profit de $(C_3H_6)_n$, nous obtenons cette fois-ci du polypropylène. Adieu les sacs en plastique souple et fin, le polypropylène habille nos voitures, des pare-chocs au tableau de bord.

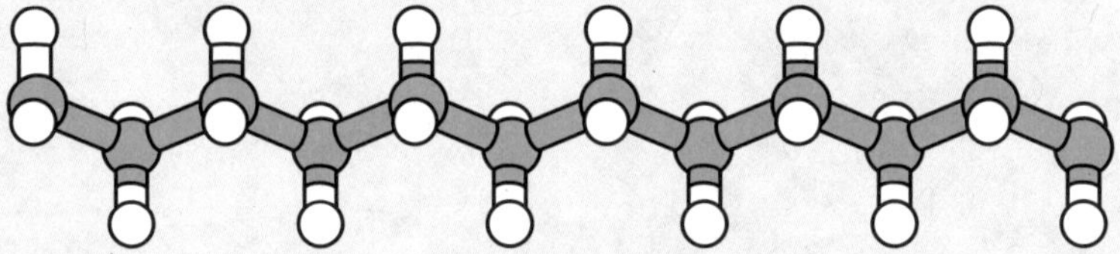

Figure 2.4 Illustration de la molécule de polyéthylène

Ainsi, les plastiques fournissent une large gamme de produits aux propriétés variées, souvent bon marché et facilement malléables. Ces avantages attirent les fabricants, mais les polymères ne sont pas parfaits pour autant. Parfois, les propriétés mécaniques demeurent insuffisantes. L'incorporation de fibres de verre à la matière y remédie tout comme les fondations en béton des bâtisses dans lesquelles se trouvent des tiges de métal (appelé béton armé).

Le curseur clignote sur l'écran et avance à toute vitesse. Mme Murray écrit son premier rapport d'observation. Elle fait part des fissures, des fibres de verre et même de la présence de porosités suspectes. À ce stade, la cause du bris ne saute pas aux yeux, il faut poursuivre les analyses.

Cependant, ce travail d'ingénierie forensique se heurte toujours à cette même contrainte : aucun essai destructif n'est permis.

Toutes les analyses, à moins d'un accord de tous les acteurs au dossier, doivent être exécutées sans modifier la pièce. Cela signifie qu'aucun prélèvement ni aucune observation de l'intérieur du matériau ne sont envisageables. Les analyses possibles se comptent à présent sur les doigts d'une main.

Consciente de ces limites, dans les dernières phrases du premier rapport d'expertise, Mme Murray liste les prochains essais, non destructifs, à effectuer.

Le premier est une spectroscopie infrarouge qui signifie, littéralement, « analyse de spectre ». Cela permet de dresser la carte d'identité du matériau (figure 2.5) en révélant sa composition, mais en indiquant également si une contamination chimique a eu lieu et pourrait expliquer la défaillance. C'est ici que la connaissance des éléments est utile aux ingénieurs.

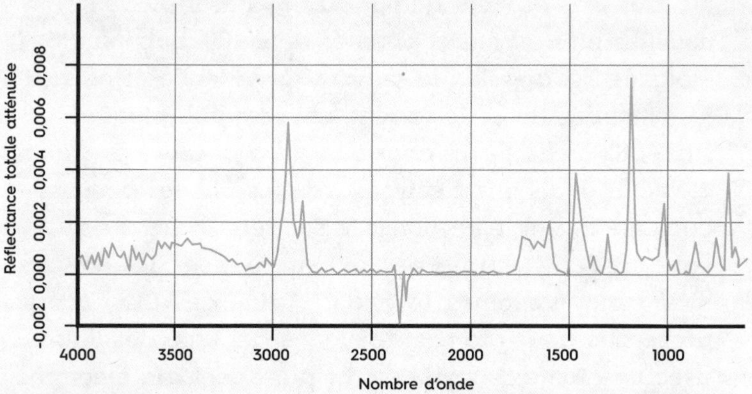

Figure 2.5 Graphe obtenu par spectroscopie infrarouge

Mme Murray présente la face fissurée de la pièce au petit point rouge au milieu de la machine. Celle-ci envoie un faisceau de photons qui percute le matériau, le faisant alors vibrer de façon imperceptible. C'est à l'échelle des atomes de la matière que tout le chahut se passe. Selon la façon dont les atomes sont reliés les uns aux autres, leurs vibrations diffèrent. Chaque type de vibration crée un pic sur le spectromètre (figure 2.5).

Le carbone, par exemple, se trouve dans la colonne 14 du tableau périodique des éléments dont l'en-tête indique IV (4 en chiffres romains). Ce chiffre indique le nombre de liaisons que l'atome de carbone peut faire avec d'autres atomes, c'est-à-dire le nombre d'électrons de valence.

Les liaisons atomiques

Les particules les plus mobiles d'un atome sont les électrons. Ils orbitent autour du noyau sur plusieurs couches plus ou moins proches de celui-ci. La plus éloignée est appelée la **couche de valence** et ce sont les électrons de cette couche qui seront le plus susceptibles de partir pour aller à la découverte d'autres éléments. Mais des électrons d'autres atomes peuvent également venir élire domicile sur cette couche de valence. Ces électrons permettent de créer des liaisons avec d'autres atomes. Quand on parle de « CO_2 », c'est parce que deux atomes d'oxygène ont créé des liaisons avec un atome de carbone. Ils partagent des électrons entre eux, c'est cela qui les lie.

Par exemple, il peut créer quatre liaisons individuelles avec quatre hydrogènes, comme c'est le cas du méthane, le CH_4. Des liaisons dites doubles, qui utilisent deux électrons de valence du carbone, sont également possibles comme avec le CO_2 où deux oxygènes se lient au carbone dans deux liaisons doubles. Ainsi, les vibrations provenant des liaisons que le carbone établit apparaîtront sur le graphe, permettant de reconstituer la composition d'un matériau et de détecter la présence ou l'absence d'intrus. Lorsque Mme Murray découvre le spectre de son matériau, surprise… il n'y a rien d'anormal. Les pics correspondent à un matériau tel que la polysulphone et/ou du polystyrène (de formule chimique $(C_8H_8)_n$) et l'hypothèse d'une contamination est réfutée.

Dans l'imaginaire collectif, obtenir un résultat négatif semble synonyme d'une mauvaise nouvelle. Pourtant, cette information est plus précieuse qu'il n'y paraît, puisqu'elle indique que la réponse est ailleurs, réduisant de fait le spectre des possibles.

Avec le microscope électronique à balayage, Mme Murray obtient une vue de la surface de la pièce 300 fois plus grande. Un zoom aussi grand, c'est comme si une feuille de papier classique faisait plus de 8,5 km de long. Sur une telle distance, tous les détails du papier seraient révélés. Et c'est cet appareil qui va dévoiler le pot aux roses. Observez la figure 2.6. En blanc, de formes allongées, des fibres de verre nagent au milieu de la sombre pâte qu'est le polymère. Voyez-vous ce qui cloche ? La réponse que Mme Murray cherchait, la raison du bris de robinet qui a inondé l'hôpital est sous nos yeux.

Ce polymère, s'il n'avait présenté aucun problème, aurait dû se comporter comme un gâteau marbré vanille-chocolat. Dans ce dessert, deux couleurs cohabitent et s'entremêlent sans jamais se mélanger. Lors de la cuisson, la jonction entre les deux teintes est parfaite… en témoignent ses déchirures. Si l'on rompt le gâteau au lieu de le couper, la fissure créée se propage sans suivre un chemin particulier. Si le gâteau s'était comporté comme le polymère, il se serait déchiré en suivant la jonction entre les deux saveurs. Vanille et chocolat ont beau être deux préparations séparées, elles sont liées pour ne former qu'une seule structure.

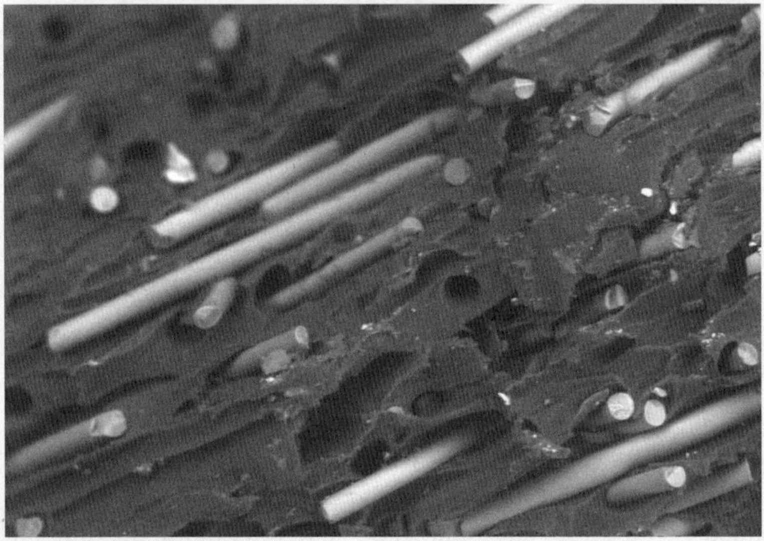

Figure 2.6 Observation de la fissure du robinet au microscope électronique à balayage

Si les fibres avaient bien adhéré au plastique, c'est-à-dire si de très nombreuses liaisons chimiques s'étaient créées entre les deux matériaux, ces cylindres blancs seraient partiellement déchirés en surface ou bien des morceaux de polymère seraient restés accrochés. Mais sur la photo, les fibres cylindriques ont une surface sans irrégularités, elles sont intactes. C'est le symptôme d'un manque d'adhésion entre les fibres et le plastique. Alors que l'ajout de fibre aurait dû augmenter la résistance mécanique, c'est l'effet inverse qui s'est produit puisque, à la première fissure ou fragilisation, celle-ci a pu se propager aisément en suivant la jonction fibre-polymère.

« La cause la plus probable de défaillance vient d'un problème de fabrication ou de conception de la pièce pour laquelle il y a un manque de cohésion entre les fibres et la matrice » est la phrase qui conclut le second et dernier rapport de Mme Murray.

Sans surprise, la compagnie d'assurance du fabricant de robinets n'accueille pas le rapport de l'experte l'incriminant avec sérénité et embauche un contre-expert. Les deux parties ne s'entendent pas à l'amiable. C'est donc un tribunal de justice qui prendra la décision.

Devant la juge, les experts sont questionnés par la défense et l'accusation dans un récit passionnant à lire[3]. Ce sont les conclusions de Mme Murray qui seront retenues et la compagnie d'assurance du fabricant sera condamnée à rembourser à l'hôpital des frais engendrés par l'inondation et les frais d'expertise.

Le tableau périodique est l'alphabet de l'univers. En associant chacune de ses lettres, des mots, des matières se forment. Les personnes qui comprennent ce langage peuvent ainsi retracer l'histoire d'un matériau et décoder son contenu qu'il s'agisse d'un trou noir dans l'espace, d'un virus ou d'un robinet...

3. Si vous souhaitez lire le jugement de la cour du Québec (dont la lecture est beaucoup plus intéressante qu'on ne l'imagine de prime abord), il est disponible ici : http://t.soquij.ca/n6K5A

3

Si tout se résumait aux équations mathématiques

Vivons-nous dans *La matrice*?

«Il y a une chance sur un milliard que notre réalité soit la bonne», avait soutenu Elon Musk en 2016. Pour cet entrepreneur féru de technologie, nous vivons dans une simulation informatique. Rien autour de nous ne serait réel, il ne s'agirait que d'une reproduction numérique extrêmement réaliste.

Si la notoriété de M. Musk a permis à cette idée de se diffuser, elle n'est pourtant pas neuve. De nombreux philosophes (Zénon d'Élée, Platon, Tchouang-tseu, Descartes...), dont les plus anciens remontent à l'Antiquité, ont fait germer cette pensée. Les œuvres de fiction ont aussi relayé cet imaginaire dont la célèbre trilogie *Matrix/La matrice*.

Si l'on vivait dans une simulation, cela signifierait que l'on aurait réussi à reproduire le monde numériquement, c'est-à-dire avec des équations qui représentent chaque mouvement, chaque événement, chaque détail. Cela impliquerait que notre connaissance du monde serait devenue si fine, si précise, si complète que sa reproduction troublerait nos sens au point de ne plus distinguer la réalité de la fiction.

Intellectuellement, c'est séduisant. La connaissance absolue peut d'ailleurs nous sembler à portée de main, tant la vitesse à laquelle nous produisons des connaissances est exponentielle.

M. Musk justifiait que nous vivons dans une simulation en prenant l'exemple des jeux vidéo. Ce secteur d'avant-garde démontre notre habileté à reproduire un environnement virtuel réaliste, alors que nous n'avons encore que peu de recul. Dans les années 1970, l'un des tout premiers jeux vidéo, *Pong*, faisait son entrée sur le marché (figure 3.1). Tel un jeu de ping-pong à plat sur un écran, deux joueurs se renvoyaient le pixel blanc faisant office de balle. Chacune des raquettes était représentée par un long rectangle blanc se déplaçant sur une ligne verticale pour faire rebondir ce point blanc. Si l'un d'eux ne parvenait pas à renvoyer la balle, un point s'ajoutait au compteur de l'adversaire.

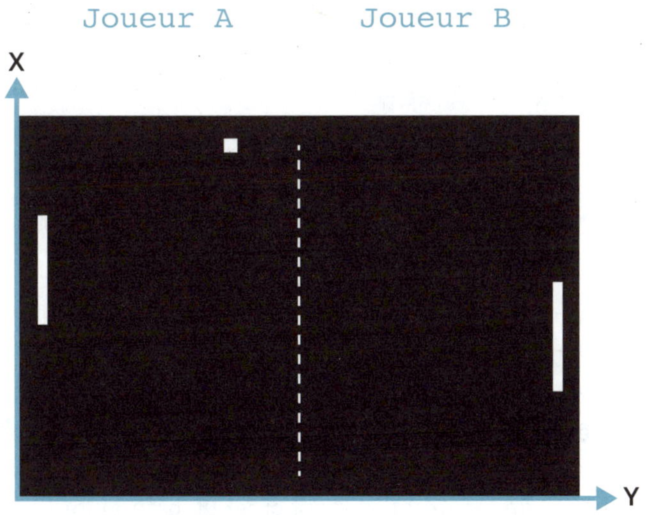

Figure 3.1 Jeu *Pong* avec deux joueurs A et B.

Sa simplicité a séduit et il se reproduit très facilement aujourd'hui, puisqu'il se base sur quelques équations ou inéquations simples.

Les équations mathématiques

Une **équation** est une égalité mathématique dans laquelle on trouve une ou plusieurs variables. Par exemple:

$$2x + 3 = 7$$

Cette équation indique que la partie à gauche du signe d'égalité «=» a la même valeur que la partie à droite de ce signe. La lettre «x» désigne la variable de l'équation et correspond à ce que l'on cherche à connaître (ici, on peut montrer que l'équation est équivalente à x = 2). Dans d'autres situations, une équation peut permettre de faire le lien entre plusieurs variables. Par exemple:

$$y = 2x + 1$$

Cette équation fait le lien entre x et y.

Une **inéquation** ressemble à une équation, à la différence près que, au lieu de mettre un signe «=», on utilise les signes «supérieur à» ou «inférieur à», notés «>» et «<».

Voici d'ailleurs à quoi pourrait ressembler une petite partie du code de *Pong* (l'entièreté du code serait trop longue pour ce livre), où ses différentes variables sont mises en relation par des équations et des inéquations. Notez que ce code est appelé *pseudo-code* et permet de montrer comment créer un programme sans se préoccuper du langage de programmation utilisé.

```
// Le compteur de points commence à 0 pour
// chacun des joueurs
PointsJoueurA = 0
PointsJoueurB = 0

// Le premier mouvement horizontal et vertical
// de la balle est aléatoire pour que les
// parties ne se ressemblent pas.
directionMouvHorizontal = nombre aléatoire
directionMouvVertical = nombre aléatoire

// La position de la balle respecte une
// trajectoire linéaire
ballePositionX = ballePositionX + directionMouvHorizontal
ballePositionY = ballePositionY + directionMouvVertical

// Description de comment le programme doit
// réagir en fonction de la position de la
// balle. La section de code suivante est
// répétée jusqu'à la fin de la partie.

// Si la position de la balle dépasse le cadre
// de gauche, le joueur A a perdu et un point
// s'ajoute à B
si (ballePositionX + balleRayon) < bordureGauche
      message "Joueur A a perdu"
      PointsJoueurB = PointsJoueurB +1

// Si la position de la balle dépasse le cadre
// de droite, le joueur B a perdu et un point
// s'ajoute à A
Sinon si (ballePositionX + balleRayon) > bordureDroite
      message "Joueur B a perdu"
      PointsJoueurA = PointsJoueurA +1
```

```
// Lorsque la balle atteint le cadre du haut,
// elle rebondit
sinon si (ballePositionY + balleRayon) ≥ bordureHaut
   directionMouvVertical = - directionMouvVertical

// Lorsque la balle atteint le cadre du bas,
// elle rebondit
sinon si (ballePositionY + balleRayon) ≤ bordureBas
   directionMouvVertical = - directionMouvVertical
fin si.
```

À l'époque de la sortie du jeu, la physique et les mathématiques ne limitaient pas le développement des jeux vidéo. Elles auraient été suffisamment avancées pour réaliser les jeux des années suivantes, tels que *Tetris* et *Mario*, jusqu'aux jeux extrêmement réalistes de nos jours comme *Assassin's Creed* et autres simulateurs de pilotage d'avion, de voiture, etc. Ce qui manquait avant tout, c'était la puissance de calcul. Chaque élément d'un jeu correspond à tout un ensemble d'équations, ce qui signifie que l'ordinateur doit être capable de faire ces calculs rapidement et souvent en simultané (voir chapitre 6).

Imaginez que l'on veuille reproduire informatiquement le fait que vous regardiez une fleur. Le jeu doit générer toutes les formes que vous voyez. La marguerite que vous observez affiche un centre circulaire dont la forme se définit mathématiquement[1] par $(x-h)^2+(y-k)^2=r^2$. Autour, des pétales de forme rectangulaire arrondis à une extrémité s'exhibent grâce à l'équation du périmètre[2] : $p=2(a+b+\pi r)$. La fleur bouge en fonction du vent simulé par l'ordinateur et de sa surface d'exposition au vent, de l'angle

1. Avec r représentant le rayon, h et k, les coordonnées du centre du cercle et x et y représentant n'importe quel point sur le cercle.

2. Avec p le périmètre, a et b les côté du rectangle et r le rayon des coins arrondis.

auquel celui-ci se heurte à la plante, de son intensité, etc. Peu importe la situation ou la perspective du joueur, ses mouvements devront sembler naturels, nécessitant alors d'avoir renseigné toutes les propriétés mécaniques de la marguerite (forme, rigidité de la tige, résistance à la rupture, élasticité des pétales...) permettant les calculs nécessaires. L'incidence du soleil sur la fleur fait changer sa luminosité, sa réflexion, sa teinte. La fleur crée une ombre sur le sol dont la longueur se calcule avec le théorème de Thalès (voir chapitre 11). Et là, il s'agit seulement d'une fleur. Il y a fort à parier que celle-ci soit entourée de nombreuses de ses congénères, d'un jardin, d'arbres, d'animaux, d'une clôture, du ciel... pour lesquels tous les calculs doivent être faits en même temps.

Avec un paysage comme celui-ci, nous n'avons fait qu'effleurer la complexité d'un rendu réaliste. Si nous nous mettons à agir dans cet environnement en arrosant la plante, en la cueillant, en soufflant dessus ou en la piétinant, chaque détail correspondra à une série d'équations supplémentaires qui s'ajouteront à la représentation statique du paysage. Et l'ordinateur doit être technologiquement capable de tout évaluer en un temps minimal[3].

En près de 50 ans, depuis la création de *Pong*, les avancées technologiques ont permis aux développeurs de jeux de prendre en compte une grande partie des équations évoquées précédemment et, ainsi, de créer des mondes qui font illusion. Et si on enfile un casque de réalité virtuelle, la frontière entre le réel et le jeu s'affine encore, tant nous sommes immergés dans cet environnement.

En cela, l'hypothèse de M. Musk n'est pas si aberrante. Si nous pouvons représenter mathématiquement tout ce qui nous entoure,

3. Pour en savoir plus sur la création des jeux vidéo actuels et sur les astuces utilisées pour réduire la quantité de calculs, voici une vidéo que j'avais réalisée avec un développeur de jeux vidéo : http://bit.ly/2rIWtNJ ou tapez « scilabus jeux vidéo » dans le moteur de recherche de YouTube.

pourquoi ne serions-nous pas simplement, nous-mêmes, les objets d'une telle simulation dont nous n'aurions pas conscience? Peut-être même que si la nature se modélise si bien avec des équations mathématiques... c'est qu'elle est simulée, créée pour l'occasion.

Si l'idée est attrayante (voire effrayante pour d'autres), permettez-moi de prendre un peu de votre temps pour mettre en exergue une faille non négligeable. Elle n'a pas plus de fondements qu'une hypothèse qui stipulerait que nous sommes manipulés par des extraterrestres. En effet, dans les deux cas, nous pouvons construire cette hypothèse par un raisonnement logique:

- **Hypothèse de la simulation:** en 40 ans d'avancées technologiques, nous avons réussi à reproduire des mondes virtuels → à ce rythme, nous pourrons rendre ce monde non distinguable du monde réel → nous sommes déjà capables de nous simuler, mais nous ne nous en rendons pas compte, car nous sommes dans une simulation.
- **Hypothèse des aliens:** la vie existe sur Terre et l'univers est infini → statistiquement, il existe une vie ailleurs → cette vie a pu se développer à un niveau technologique supérieur au nôtre → cette vie extraterrestre a dû trouver le moyen de se déplacer rapidement dans l'espace → ils nous ont probablement trouvés → ils nous contrôlent.

Malheureusement, ce genre de raisonnement peut s'appliquer à tous les contextes et donne lieu à de nombreuses théories conspirationnistes. Bien que de grands philosophes, M. Musk et d'autres, adhèrent à l'idée de la simulation, il n'en reste pas moins que cette hypothèse appartient aux *pseudo-sciences* ou simplement à des *croyances*.

Afin qu'une hypothèse soit considérée comme scientifique, elle doit absolument être ***réfutable***. Ce principe est l'un des piliers fondateurs de la science. Cela signifie que l'on doit pouvoir réaliser une expérience prouvant qu'elle est fausse. Cela peut paraître surprenant, mais la science ne peut pas prouver que quelque chose n'existe pas. En formulant l'hypothèse « nous vivons dans une simulation », il nous est impossible de dire que cette simulation n'existe pas ou que « ce n'est pas vrai pour la raison X », car chacune des preuves que nous avançons pourrait être rejetée d'un revers de la main en considérant que « la raison X n'est que le fruit de la simulation ».

Cependant, si nous vivons en effet dans une simulation, il serait normal de ne pas réussir à réfuter l'hypothèse. C'est vrai, mais toute la subtilité se trouve dans la formulation de celle-ci : « Nous **ne** vivons **pas** dans une simulation. » serait une hypothèse réfutable et donc beaucoup plus scientifique. En effet, si nous amenons une seule preuve démontrant que l'hypothèse est fausse, alors elle ne tient plus !

Malgré ces reformulations aux apparences plus scientifiques, quel protocole expérimental pourrions-nous bien inventer pour réfuter ces hypothèses ? Je n'en vois malheureusement aucun. Dans le cas précis de la simulation, peu importe la formulation : le fait que nous vivions en son sein ou non est insoluble et est un questionnement plus philosophique que scientifique.

Des humains mathématiquement modifiés

Sortons de cette simulation fantasmée pour découvrir les simulations «réelles» de la recherche médicale. C'est le cœur de métier du laboratoire où j'ai fait mon doctorat. Nous travaillons en particulier pour aider au traitement de jeunes adolescentes (beaucoup plus souvent touchées que les garçons) souffrant d'une déformation de la colonne vertébrale appelée la scoliose (figure 3.2). Celle-ci est fréquente dans la population, à des degrés variables, la grande majorité des cas étant de faible amplitude, sans douleur et ne requérant aucun traitement. Plus rarement, la scoliose est à l'origine de douleurs importantes, de problèmes pulmonaires ou encore d'une apparence difforme et elle nécessite alors une intervention chirurgicale.

Celle-ci est d'ailleurs complexe tant la mécanique de cette déformation l'est aussi... ce qui la rend passionnante à étudier! En observant la colonne vertébrale de plus près, on se rend compte que la scoliose correspond à une rotation et à une déformation de certaines vertèbres ainsi qu'à un déplacement latéral. Au fur et à mesure que ces vertèbres grandissent «de travers», elles entraînent avec elles la cage thoracique, le sternum, les épaules, les hanches, mais modifient également l'espace qui devait être réservé à nos organes vitaux... Cela explique pourquoi les cas plus prononcés se voient, eux, à l'œil nu du fait de cette apparence difforme du tronc. On simplifie souvent ce problème au fait que l'enfant scoliotique semble « penché sur le côté » (et non bossu – dans ce cas-là, il s'agit d'une hypercyphose et non d'une scoliose).

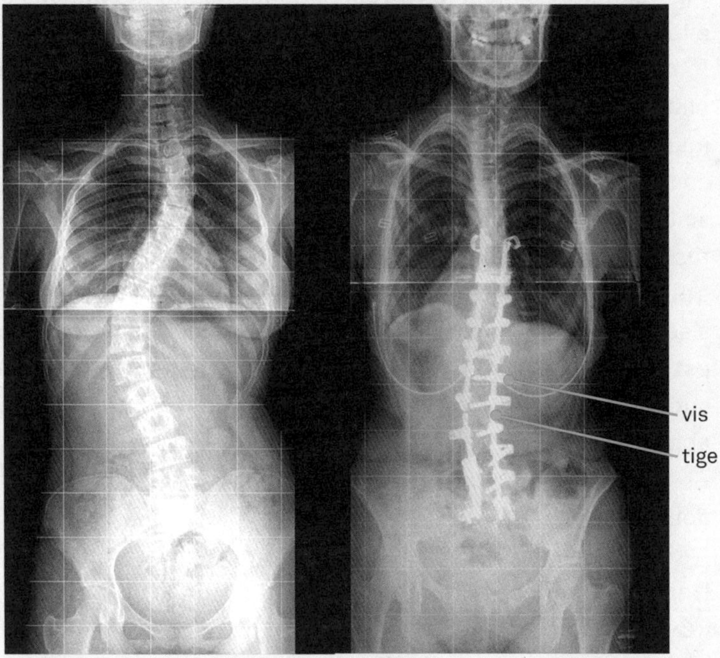

Figure 3.2 Représentation de la scoliose avant d'être soignée (à gauche), puis avec un traitement classique (à droite) consistant à remettre la colonne vertébrale droite à l'aide de vis et de tiges.

La complexité tridimensionnelle de cet état et ses impacts multiples amènent chaque chirurgien à développer sa propre méthodologie, bien que les grandes lignes de la procédure chirurgicale restent les mêmes. La patiente, endormie, est allongée à plat ventre et le chirurgien réalise une incision le long de la colonne vertébrale pour exposer les vertèbres. Avec l'aide de quelques outils et beaucoup d'huile de coude, les vertèbres participant à la déformation sont ramenées vers le centre. Pour les maintenir en place, les chirurgiens insèrent des tiges de métal très rigides le long des vertèbres, à l'aide de vis insérées dans les vertèbres (figure 3.2). Ces mêmes vertèbres sont ensuite fusionnées entre elles pour s'assurer que plus rien ne bouge... à vie.

Comme vous le constatez, cette chirurgie orthopédique est plutôt draconienne. Mais peu importe, pourvu que ça marche. Et ça marche ! Sans pour autant être magique... Car si le problème de la courbure a bien disparu ou a été réduit, d'autres problèmes persistent. Ne serait-ce que mécaniquement parlant : les vertèbres, fusionnées, ne peuvent plus grandir et les portions de la colonne qui sont touchées perdent toute leur mobilité. L'opération s'adresse donc essentiellement aux patients dont la croissance est terminée. Ainsi, même si cette chirurgie est pratiquée avec succès depuis plusieurs décennies, la question de la meilleure approche reste encore débattue.

« Et si, au lieu de mettre une vis par vertèbre, on en mettait deux ? »

« Et si, au lieu de mettre une tige droite, on la préformait (cintrait) pour donner la forme voulue à la colonne vertébrale » et... « Quelle serait cette forme ? »

« Et si, avant de mettre les tiges, on tournait les vertèbres sur elles-mêmes pour les faire revenir à leur position naturelle ? »

« Et si on n'utilisait plus de tiges, mais des câbles ? »

Ces réponses ne peuvent pas être obtenues expérimentalement. Il serait impossible (et non éthique) de tester toutes les combinaisons possibles sur un patient ou sur plusieurs personnes. En effet, chaque scoliose a ses spécificités et un même chirurgien adaptera la chirurgie d'un patient à un autre (nombre de vertèbres à fusionner, forme et diamètre de la tige, nombre de vis...).

C'est là que les équations et les modèles numériques interviennent. Les chercheurs reproduisent ces actes médicaux sur leurs écrans pour déterminer quels gestes ou choix du chirurgien auront le plus d'impact sur le résultat final de la chirurgie réelle. Les colonnes vertébrales numériques des patients s'animent sous leurs clics pour simuler autant de scénarios et de chirurgies virtuelles que souhaité, et ce, sans aucun risque de blesser le patient ! Notamment, le nombre de vis à placer est critique, car chaque vis supplémentaire est un risque chirurgical additionnel (comme le risque d'entrer dans la moelle épinière et de créer des lésions nerveuses). Sans compter que ce ne sont pas des vis du Home Dépôt ou de Bricorama ! Le prix de ces vis hautement technologiques fait jusque dans les quatre chiffres... chacune.

Dans notre laboratoire, on peut évaluer numériquement le nombre de vis nécessaires et leur emplacement optimal pour une opération réussie. Le modèle numérique n'est toutefois pas omniscient. L'adéquation entre le numérique et la vie réelle est limitée à la justesse et à la pertinence des équations, des formules et des hypothèses qu'on lui attribue. Nombre de ces équations émanent de la physique classique, comme la formule du poids ou les relations de mouvement d'un objet à l'autre. D'autres découlent de mesures expérimentales, souvent obtenues à partir d'essais sur les animaux.

En effet, si le modèle informatique nous permet de limiter la recherche animale, cette dernière reste cependant indispensable à plusieurs étapes, notamment pour créer ces modèles numériques en leur fournissant des propriétés réalistes de dureté, d'élasticité, de résistance, etc. Par exemple, la vitesse de croissance des os, en particulier des vertèbres, est issue de mesures expérimentales et ne se compte pas en km/h, mais plutôt en millimètres par an. Dans le cas de vertèbres en bonne santé, cette vitesse de croissance est connue depuis belle lurette. Cependant, la présence d'une scoliose perturbe tout l'équilibre de la colonne, y compris la vitesse de croissance de ces os. La courbure comprime anormalement les vertèbres et il se trouve que plus la compression sur un os est forte, plus le taux de croissance est inhibé. La réciproque fonctionne également : plus la compression est faible, plus le taux de croissance est stimulé. Si on extrapole cette loi dite « Hueter Volkmann », cela signifie que nous ne ferions sans doute pas la même taille si nous avions grandi sur la Lune. Avec une gravité aussi faible, nos os y seraient moins comprimés, leur laissant la liberté de grandir encore plus. Mais pour le vérifier, il nous faudra aller y habiter avec de jeunes enfants !

Pour parvenir à relier la compression à la vitesse de croissance grâce à une équation, les chercheurs ont mesuré différentes vitesses de croissance d'une queue de rat (dans laquelle se trouvent des vertèbres) en fonction de la compression qu'ils appliquaient pour en dégager une constante qui sera ensuite utilisée dans une nouvelle loi mathématique représentant la croissance des os (figure 3.3).

Les constantes

En mathématiques, une constante correspond à une valeur fixe. Par exemple, dans la formule de l'énergie de Einstein : $E = mc^2$, la masse *m* est une variable dont la valeur peut changer selon l'objet dont on souhaite calculer le poids, alors que *c* est une constante universelle représentant la vitesse de la lumière qui ne changera jamais !

Chaque mesure se traduisait alors par un point dans leur graphe (page suivante). En utilisant une méthode mathématique appelée la méthode des moindres carrés, ils ont pu en retirer une équation empirique[4]. Celle-ci permet de transformer tous les points (informations discrètes) en une courbe (information continue) définie mathématiquement et représentée par la ligne grise, dont la pente illustre notre nouvelle constante : β.

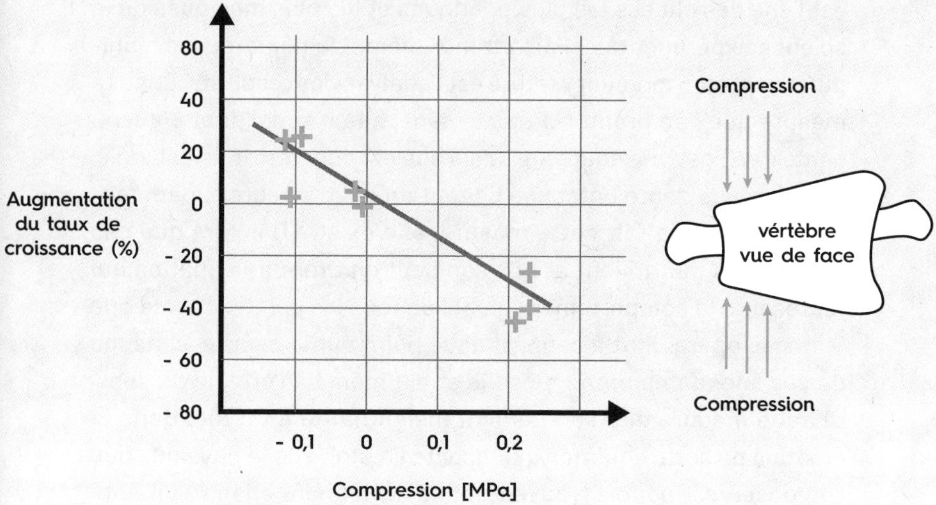

Figure 3.3 Évolution de la vitesse de croissance des os en fonction de la compression qui leur est appliquée. La ligne grise représente une sorte de moyenne de toutes les mesures.

Finalement, cette constante est ensuite intégrée à une équation (page suivante), qui montre que la croissance réelle des vertèbres des personnes scoliotiques est dépendante de la vitesse de croissance « naturelle » des vertèbres, de la constante β et de la compression additionnelle appliquée aux vertèbres (c'est-à-dire

4. Basée sur l'expérience.

la compression des vertèbres, en dehors de celle exercée naturellement par la gravité) :

$$\text{Croissance} = \text{Croissance}_{\text{naturelle}}\left(1 + \beta\left(\text{compression}_{\text{additionnelle}} - \text{compression}_{\text{naturelle}}\right)\right)$$

Pour moi, la création d'équations mathématiques empiriques est l'une des choses les plus poétiques et les plus magiques de la science expérimentale. Faisant moi-même de nombreuses manipulations, mon moment préféré est l'analyse des résultats. Chaque mesure que l'on prend n'a aucun sens, elle n'appartient à aucun contexte. C'est une anecdote. Mais elle est concrète. Elle est vraie. Elle est sans doute entachée de tout un tas d'erreurs expérimentales, mais on a fait cette mesure, elle existe. Dès lors que ces mesures se multiplient et que l'on peut en tirer une équation qui représente le comportement global de tous les points, c'est là que la magie opère. Tout à coup, chaque point sur la courbe, chacune de ces anecdotes prend un sens et est même à l'origine du sens. Chaque mesure que l'on pensait insignifiante a un rôle dans la création de cette équation qui raconte l'histoire de la physique que l'on observe. Une fois trouvées, elles deviennent ensuite un outil parmi d'autres dans les modèles numériques.

Dans le cas présent, notre équation, qui quantifie l'effet de la compression sur la vitesse de croissance des vertèbres, permet désormais au modèle numérique de « grandir » et de prévoir en quelques minutes l'évolution de la scoliose un mois, un an ou cinq ans après l'opération. Elle nous donne une vision du futur numérique, incluant la croissance de l'enfant !

Si le fait que nous puissions extraire des conclusions à partir de modèles numériques semble magique, soulevons quelques limites. Une modélisation simule toujours un problème partiellement. Par exemple, certaines des colonnes vertébrales numériques que nous utilisons sont, volontairement, « toutes nues », c'est-à-dire sans la cage thoracique, sans l'action des muscles, sans le bassin, etc., et ce, pour au moins trois raisons :

- Lorsque nous étudions des points précis, nous savons que le résultat que nous recherchons ne devrait pas être influencé (sinon de façon négligeable) par certains éléments. Nous choisissons alors de ne pas les représenter... mais cela reste une approximation ! Par exemple, lorsque l'on étudie la consommation d'un moteur de voiture, inutile de modéliser si les sièges sont en cuir ou en plastique.
- Nous n'avons pas la puissance de calcul à disposition (ou bien cela compliquerait trop le modèle pour peu de bénéfices).
- Chaque élément de la simulation s'accompagne d'hypothèses et d'erreurs intrinsèques. Plus une simulation prend de l'ampleur, plus elle est propice à propager des erreurs cumulées.

C'est alors à nous, humains, que revient la tâche de vérifier que le modèle est cohérent avec la réalité tout en étant toujours conscients de ses limites. Ainsi, une fois l'information transférée au médecin, celui-ci pourra choisir en toute connaissance de cause de suivre, ou non, les recommandations du modèle.

Depuis le jeu vidéo *Pong*, les simulations ont atteint un niveau de réalisme déroutant au point où elles occupent aujourd'hui une place importante dans presque tous les domaines : médical, science de la Terre (voir chapitre 13), développement d'outils industriels (voir chapitre 11), sciences fondamentales, etc. Notre monde n'est certainement pas simulé, mais nous simulons bien notre monde!

4

Une histoire d'électricité… sous tension

Quand le courant passe (dans les hanches)

J'adore les gadgets. C'est plus fort que moi. Celui que je tiens dans mes mains, je l'ai acheté alors que je sais pertinemment qu'il n'est pas performant. Malgré son succès commercial, les études le montrent, cet appareil n'est pas fiable. Son mécanisme est somme toute assez simple, un courant est envoyé dans notre corps permettant la mesure d'une tension électrique pour en déduire une résistance. Il s'agit de ces pèse-personnes dits impédancemètres qui, en plus de mesurer le poids, évaluent aussi la composition corporelle : taux de masse grasse et de masse dite maigre.

J'ai le colis contenant le pèse-personne sous mes yeux et je me réjouis d'avance de pouvoir suivre mon évolution corporelle au fil du temps. Pour me donner une estimation de mon taux de gras, parce que, avouons-le, c'est cette donnée qui m'intéresse, le pèse-personne fait des calculs à partir de modèles mathématiques[1] basés sur la loi d'Ohm.

1. … que nous ne pouvons pas connaître. En toute logique, chaque compagnie de pèse-personne développe son propre modèle mathématique. Dans la documentation scientifique, on trouve autant de modèles proposés que d'articles. Bien que chaque fabricant développe sa propre technique, les principes physiques sous-tendus devraient rester les mêmes.

U = RI

La loi d'Ohm relie la tension, la résistance électrique et l'intensité du courant. Cette relation se prête bien à une analogie en représentant le flux électrique comme le flot d'une rivière. Pour qu'elle coule d'un point à un autre, il faut que la destination soit en contrebas, qu'il y ait une différence de hauteur entre l'amont et l'aval (voir figure 4.1). Ce dénivelé représente notre **tension électrique**. Le débit de la rivière (la quantité d'eau qui passe par seconde) correspond à notre **intensité électrique** et la largeur de la rivière correspond à la **résistance**. Plus celle-ci est étroite, plus la résistance est élevée.

Autrement dit:

Tension = résistance x intensité,
aussi connu sous la forme **U = RI**

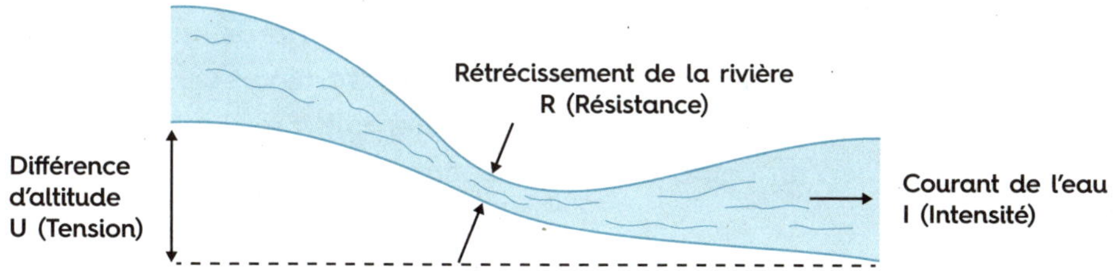

Figure 4.1 Représentation de l'électricité sous la forme de l'analogie avec un cours d'eau

Quand je monte pieds nus sur le pèse-personne, fière de ne pas avoir mangé de chocolat depuis deux jours, ma peau entre en contact avec des électrodes. Une sous chaque pied. Un courant électrique est envoyé dans un de mes pieds avec une intensité imperceptible de 0.0008 ampère[2] et à une fréquence de 50 kHz.

La fréquence du courant électrique

Lorsque l'on évoque une fréquence en électricité, cela signifie que l'on fait référence à ce que l'on appelle du «courant alternatif». C'est celui qui alimente nos prises électriques murales. En pratique, ce courant alterne en changeant de sens selon une fréquence déterminée. Nos prises électriques résidentielles fournissent un courant alternatif à 50 ou 60 Hz (50 Hz pour l'Europe, 60 Hz pour l'Amérique du Nord), ce qui signifie que le courant change de sens 50 ou 60 fois par seconde. Une grande proportion de nos appareils électriques (ordinateurs, téléphones, etc.) se chargent avec du courant continu et non alternatif. Cela explique en partie pourquoi tous ces appareils sont dotés d'un transformateur (le gros machin rectangulaire au milieu de votre câble d'ordinateur portable) qui convertit le courant alternatif de la prise murale en un courant continu adapté à nos appareils.

2. À titre de comparaison, les prises électriques des maisons fournissent une tension de 220V ou 110V. Le courant, quant à lui, dépend de l'appareil qui y est branché, mais peut atteindre plus de 10A.

Ce courant circule dans notre corps et finit sa boucle à l'électrode du second pied. Notre corps fonctionne comme une partie d'un circuit électrique, une simple résistance. C'est de l'évaluation de cette résistance que l'on va pouvoir extraire le taux de masse grasse.

Entrons un peu plus dans le détail du fonctionnement de cette balance.

En premier lieu, il s'agit simplement de soustraire du poids total de la personne sa masse maigre (donc les os, les muscles, l'eau... tout ce qui n'est pas du gras).

Masse grasse = poids total – masse maigre

Le poids total[3] se mesure aisément de façon classique avec le pèse-personne. La masse maigre, comprenant plusieurs éléments, est plus complexe à évaluer. Cependant, on sait que, pour une personne en bonne santé, l'eau représente 73 % de la masse maigre.

Masse maigre = 73 % d'eau + 20 % de protéines (constituant des muscles) + 6 % de minéraux (les os notamment) +...

C'est d'ailleurs la première faille de cet appareil. Comme une partie de son calcul réside dans cette approximation des 73 % d'eau, il faut que la personne qui se mesure soit en bonne santé et normalement hydratée. Sinon, la mesure sera complètement faussée.

La dernière étape, et non la moindre, consiste à mesurer notre quantité d'eau (les 73 % évoqués ci-dessus), non plus en pourcentage, mais en kilogrammes. L'eau étant un très bon conducteur électrique, plus la proportion d'eau est importante,

3. Notons ici que les termes de « poids » et de « masse » sont employés alternativement pour refléter l'usage courant, mais représentent tous deux des valeurs en kilogrammes (des masses, donc). Voir chapitre 7.

plus un courant électrique passe facilement. A contrario, plus le gras (moins conducteur que l'eau) a élu domicile, plus le courant est ralenti dans sa course. Ultimement, la difficulté de déplacement du courant – la résistance électrique du corps – est la seule chose que le pèse-personne mesure vraiment.

Mais quelques subtilités compliquent sa tâche. Dans le corps, l'eau se répartit en deux endroits : entre les cellules et les tissus (eau **extra**cellulaire) et à l'intérieur des cellules (eau **intra**cellulaire). Le courant passe aisément dans l'eau extracellulaire, mais ne peut pas atteindre l'intérieur des cellules, puisque chacune est encerclée par une membrane... isolante.

Pour mesurer à quel poids correspondent les 73 % d'eau de la masse maigre, nous aurons donc besoin de la séparer en deux mesures différentes : l'eau extracellulaire où une simple mesure de la résistance suffit (figure 4.2) et l'eau intracellulaire pour laquelle il va falloir ruser.

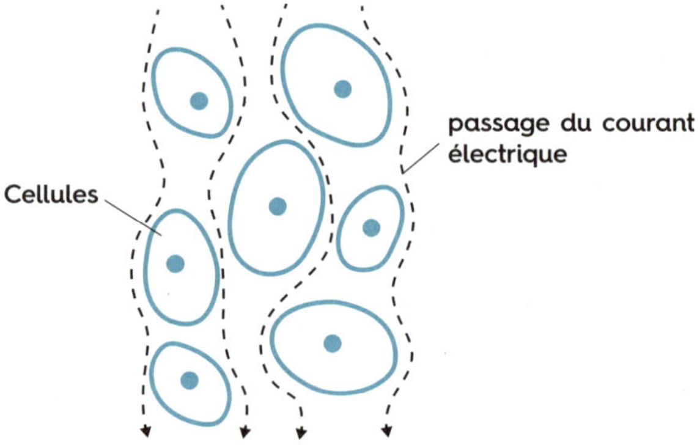

Figure 4.2 Passage du courant dans l'eau extracellulaire (entre les cellules)

Lorsque le courant issu des électrodes arrive aux portes de la cellule, des électrons s'accumulent sur la paroi extérieure de la membrane qui devient négativement chargée. En réaction, le côté interne de la membrane se charge positivement : les ions positifs sont attirés vers le pourtour tandis que les ions négatifs le fuient. Les deux côtés de la membrane s'attirent à l'infini, mais sans jamais se rejoindre, séparés par la membrane isolante[4]. Ce que l'on vient de décrire, ce n'est pas un remake de *Roméo et Juliette*, mais plutôt le comportement d'un condensateur électrique classique connu pour être capable d'emmagasiner de l'énergie.

Comme les électrons s'accumulent et ne sont relâchés qu'une fois le courant éteint, nos cellules agissent en réalité comme autant de petites piles… qui ne conservent pas l'énergie bien longtemps !

Mais, dans ces conditions, impossible de mesurer la quantité d'eau intracellulaire. La clef, ici, consiste à utiliser un courant alternatif qui va, par définition, alternativement changer de sens (voir « La fréquence du courant électrique », page 70).

À mesure que le courant alterne, les électrons s'accumulent d'un côté de la membrane et se déchargent, puis se chargent de nouveau et se déchargent, etc. Ces cycles de charge/décharge des électrons respectent le changement de sens du courant, mais avec un léger temps de retard, ce qui se traduit par une autre sorte de résistance au passage du courant appelée la *réactance*. Ainsi, on évalue la quantité d'eau extracellulaire grâce à la résistance électrique et la quantité d'eau intracellulaire grâce à la réactance.

En électricité, la somme de ces deux valeurs forme ce que l'on appelle l'impédance. D'où le nom de ces pèse-personnes, appelés des ***bioimpédancemètres***.

impédance = réactance + résistance.

4. Si vous voulez briller en société, vous pouvez aussi dire « diélectrique » au lieu de « isolant ».

Ces pèse-personnes combinent leurs mesures, souvent imprécises, à des modèles mathématiques estimant la quantité totale d'eau dans le corps à partir de données expérimentales.

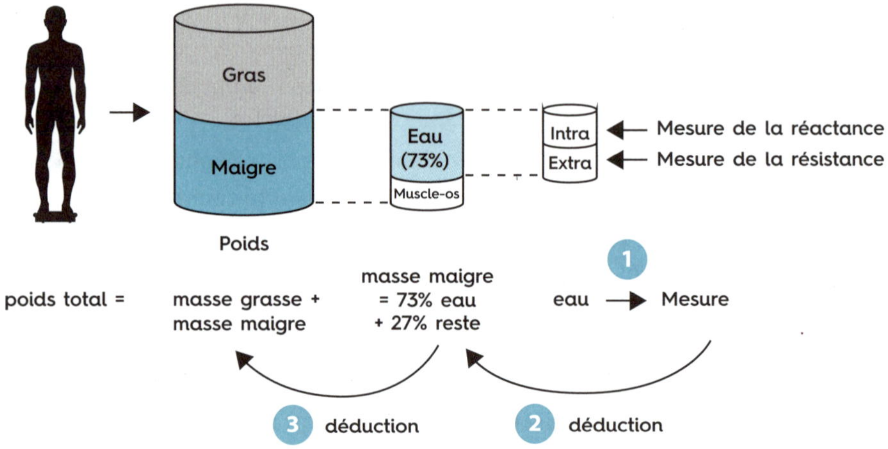

Figure 4.3 Comment la masse grasse est-elle évaluée? À partir de la mesure de la quantité d'eau présente, la masse maigre en est déduite (l'eau représente 73% de la masse maigre). Ensuite, avec le poids total et la masse maigre, la masse grasse peut être calculée.

Nouveau problème: les personnes testées pour élaborer les modèles mathématiques sont majoritairement des blancs caucasiens, alors qu'on sait aujourd'hui que la composition corporelle varie de façon significative d'une ethnie à l'autre. Par exemple, en règle générale, les Noirs ont une plus grande densité osseuse que les Blancs et un pourcentage de masse maigre plus important. Si vous n'êtes pas d'origine caucasienne, gageons que les mesures des pèse-personnes à impédancemètre ne seront pas adaptées à vous.

Et les limitations ne s'arrêtent pas là. Les électrodes étant sous chacun des deux pieds, le courant électrique (comme le ferait le courant d'une rivière) emprunte le chemin le plus court et passe donc d'une jambe à l'autre sans se rendre dans les bras ni le haut du corps. Ces pèse-personnes mesurent ainsi essentiellement le chocolat resté sur les hanches et dans les fesses et omettent le double menton. Bref, si vous ressemblez à Kim Kardashian ou Beyoncé, il y a de fortes chances que le pèse-personne vous annonce un pourcentage de gras surévalué… De plus, pour rendre les calculs plus aisés, les modèles mathématiques considèrent que nous serions un cylindre de densité homogène. Ai-je besoin de préciser que ce n'est pas le cas?

Malgré ces limitations, cette technologie simple d'utilisation, très peu chère et accessible partout suffit pour la plupart des usages et des morphologies. En clinique et pour le grand public, on les accepte à titre indicatif, car l'accès aux appareils de mesure réellement fiables (l'imagerie par résonance magnétique ou l'ostéodensitométrie) est difficile et très coûteux.

Si vous décidez de vous acheter un pèse-personne à bioimpédance, je vous conseille de ne pas vous fier à la valeur absolue, mais plutôt à son évolution dans le temps. Si votre masse grasse diminue, il y a de bonnes chances que cela soit vrai. Mais est-ce que vous êtes vraiment passé de 26 % de masse grasse à 25 % ? Ça, c'est un mystère.

Des éléphants *hi-tech* pour contrer le braconnage

Ce qui ne fait aucun mystère, c'est que le plus gros animal terrestre fait jusqu'à 7 tonnes et, lui, se désintéresse complètement de son taux de masse grasse. Les éléphants d'Afrique concentrent plutôt leurs énergies à survivre au braconnage avec l'aide des gardes forestiers. En 2017, on estimait qu'environ 30 000 éléphants par an étaient abattus, soit un toutes les 15 minutes. La réalité de la traque est telle qu'elle fait tristement partie de l'imaginaire que l'on donne aux enfants. Spontanément, ce sont les images d'un dessin animé qui surgissent dans mon esprit dès qu'il est fait mention de ces imposantes bêtes : Babar, l'éléphanteau ayant échappé au chasseur qui a eu raison de sa mère…

La cause de cette chasse, elle, fait rarement partie des livres pour enfants. Que ce soit pour des bijoux, des ornements ou des sculptures, les congénères de Babar sont abattus pour alimenter le marché demandeur. L'ivoire de leurs défenses (qui ne sont en réalité que des incisives) s'arrache à prix d'or : en 2014, un kilogramme d'ivoire se vendait 2750 $ CAN (environ 1800 €). Le poids d'une défense varie beaucoup d'un éléphant à l'autre et en fonction de son âge, mais chacune pèse entre 10 et

50 kg environ. Je vous laisse faire le calcul du côté lucratif de ce marché noir.

Les éléphants évoluent, notamment au Kenya, sur un territoire immense ; tellement immense que les braconniers n'ont pas besoin d'être discrets pour réaliser leurs méfaits. Ces dernières années, le braconnage des éléphants ne semblant pas ralentir, des lois interdisant la chasse ainsi que des embargos de nombreux pays sur le commerce de l'ivoire ont été mis en place. Parmi les initiatives de protection animale, un organisme non gouvernemental britannique Save the Elephants (Sauvez les éléphants) tente de remédier à cette destruction annoncée. Un des projets qui nous intéresse est celui qui porte sur la détection du braconnage au moyen de capteurs « intelligents » et dont le principe repose sur de l'électricité.

Leur solution élégante consiste à appareiller les éléphants de colliers dotés d'une puce GPS et d'un accéléromètre (appareil mesurant les accélérations). Cet ornement présente les mêmes fonctions que la cloche qui tinte au cou des vaches, mais avec l'avantage de bénéficier d'une technologie ayant une plus grande portée et fiabilité que notre ouïe ! Le GPS permet de localiser tous les éléphants à n'importe quel moment de la journée, n'importe où sur le territoire et l'accéléromètre, lui, détecte si un braconnage se produit. En effet, par exemple, l'éléphant n'étant pas une espèce particulièrement adepte de la course, une subite accélération de tous les pachydermes d'un groupe dénote la plupart du temps une fuite et alerte les gardes forestiers qui accourent à leur rescousse… en espérant arriver avant qu'il soit trop tard !

L'innovation réside dans l'utilisation des accéléromètres dans ce contexte en particulier, et non dans la technologie, qui est bien connue et très répandue. Nous en avons dans nos téléphones, pour repérer leur inclinaison et ainsi ajuster l'écran, dans nos ordinateurs pour détecter une chute imminente et ainsi stopper le disque dur en prévention, dans nos voitures pour détecter des décélérations très importantes afin de déclencher l'airbag, aussi nommé coussin gonflable (voir chapitre 13), ou encore pour détecter les séismes à l'aide d'un sismographe[5].

Sans surprise, un accéléromètre permet de détecter... des accélérations ! Il nous renseigne sur leur direction (par exemple, la gravité est une accélération dirigée vers le centre de la Terre) et sur leur amplitude (entre autres pour détecter si l'éléphant se met à sprinter comme Usain Bolt ou s'il se déplace comme un paresseux). À partir de ces mesures sur lesquelles on réalise des opérations mathématiques (des intégrales), on peut également obtenir les vitesses et les déplacements des porteurs des accéléromètres.

Techniquement, ces capteurs captent des variations de tension électrique à l'intérieur de microscopiques puces électroniques. Cependant, afin de mieux comprendre leur fonctionnement, restons à l'échelle macroscopique encore un instant afin d'expliciter le principe de base avec, non pas de l'électricité, mais une simple masse tenue par des ressorts, eux-mêmes connectés à l'enceinte extérieure de l'accéléromètre.

5. Dans le cas des séismes, les détecteurs sont appelés des sismomètres et non des accéléromètres, mais le principe physique est le même.

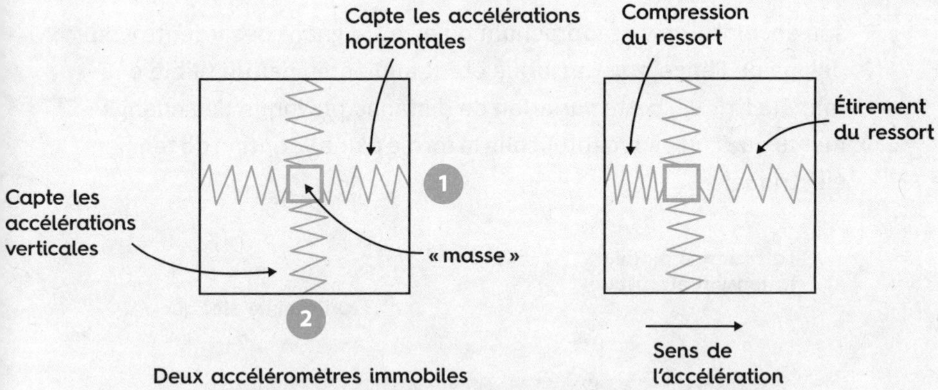

Figure 4.4 Lorsqu'un accéléromètre ne subit aucune accélération (image de gauche), tous les ressorts sont au repos (ni comprimés ni étirés). Lorsqu'une accélération apparaît (image de droite), tous les ressorts se déforment selon la direction de l'accélération.

Lors d'une accélération en voiture, nous sommes propulsés vers l'arrière, et la petite masse de notre accéléromètre de fortune en figure 4.4 serait aussi attirée dans le même sens, comprimant de fait un des ressorts et étirant l'autre. La mesure de la compression ou de l'allongement du ressort permet alors de déduire l'accélération. La figure 4.4 présente un accéléromètre capable de capter des accélérations horizontales et verticales. En ajoutant des ressorts sur un troisième axe (imaginez un ressort qui sort de la page et un autre en sens opposé), toutes les accélérations pourraient être détectées en 3D.

Ce principe de fonctionnement reste semblable à l'échelle des capteurs de nos téléphones, même si les masses et les ressorts prennent une forme différente. La masse est remplacée par une sorte de peigne (figure 4.5), libre de translater à l'intérieur d'une enceinte, elle aussi en forme de peigne, mais inversée, si bien que les « dents » des deux peignes s'intercalent sans jamais se toucher. Sous l'influence d'une accélération, le peigne mobile bouge dans son enceinte, en se rapprochant ou en s'éloignant des « dents » du peigne de l'enceinte. Ces brins étant alimentés par un faible courant électrique, cette variation de distance provoque des changements que l'on peut capter sous la forme d'une variation de tension électrique[6].

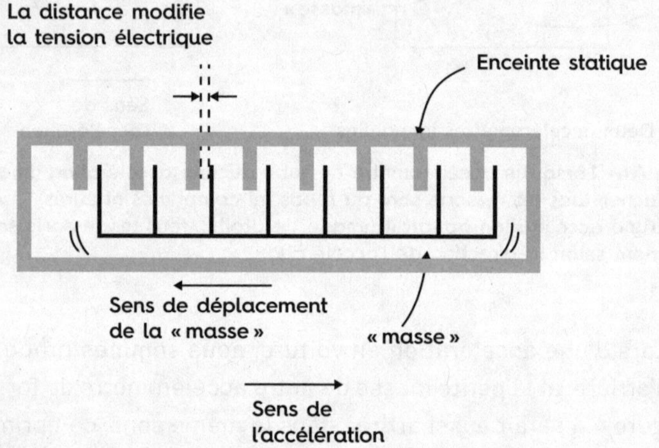

Figure 4.5 Représentation d'un accéléromètre tel que retrouvé dans nos téléphones. Un peigne est libre de translater et son déplacement relatif à l'enceinte induit des changements électriques qui peuvent être interprétés pour en déduire une valeur d'accélération.

6. Le type de capteur auquel nous faisons référence ici est un accéléromètre « capacitatif », mais il existe également d'autres technologies.

En permanence et sans en avoir conscience, nous sommes soumis à une accélération vers le bas : la gravité[7]. En la captant avec l'accéléromètre de l'éléphant, on arrive à connaître l'orientation de l'animal dans l'espace. Si soudainement le capteur indique que la gravité *vient de changer de direction* sur les écrans de contrôle, sachant que la Terre ne risque pas de s'être déplacée, cela signifie qu'un éléphant est à terre, abattu ou endormi par des braconniers (figure 4.6). De même, de subites accélérations ou des déplacements erratiques suggèrent une attaque ou une traque. Ainsi, grâce à des algorithmes de détection analysant le comportement des éléphants avec ces accéléromètres, les gardes forestiers peuvent tenter de se rendre sur les lieux et empêcher le braconnage en cours.

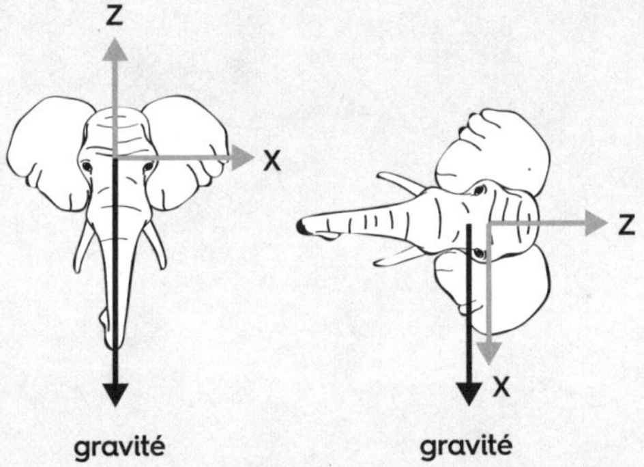

Figure 4.6 Lorsque l'animal est debout, la gravité est dirigée selon l'axe z, mais lorsqu'il est allongé, elle est dirigée selon l'axe x. En observant un changement de direction, on peut savoir que l'éléphant est à présent allongé au sol.

7. Aussi appelée « l'accélération gravitationnelle ».

Grâce à ces mêmes capteurs, ils ont pu récemment mesurer des accélérations plus souvent la nuit que le jour, indiquant un changement de comportement de ces pachydermes habituellement diurnes. Les chercheurs pensent que, en choisissant de se déplacer la nuit, les éléphants tentent d'échapper aux braconniers.

Les perspectives semblent s'améliorer ! Le 31 décembre 2017, la Chine, le plus grand marché du commerce de l'ivoire, a annoncé qu'elle rompait avec ses traditions millénaires de sculpture d'ivoire et qu'elle en interdisait désormais le commerce, faisant dégringoler sa production et avec elle le prix des défenses d'éléphant. Il n'y a plus qu'à espérer que l'Europe, actuelle plaque tournante de ce commerce, emboîte le pas afin de ralentir la chasse aux éléphants et que, un jour, le braconnage décrit dans l'histoire de Babar n'appartienne plus qu'à la fiction.

5

Petit atome chargé cherche ion opposé

La douleur est chargée de positif

Se cogner le petit orteil. Se brûler en sortant le plat du four. Se couper en tranchant des légumes... La douleur nous fait du bien. Pas dans le sens où cette sensation est agréable, mais plutôt parce qu'elle active les arcs réflexes inconscients qui nous empêchent de nous blesser plus que nous ne l'avons déjà fait.

Prenons l'exemple d'un plat de lasagne brûlant. Entre le moment où nous touchons le plat à mains nues et où nous le lâchons, il a beau ne s'être écoulé qu'une fraction de seconde, toute une aventure à l'échelle moléculaire vient de se produire.

En premier lieu, des récepteurs (sortes de capteurs) sur notre peau s'affolent et déclenchent une **réaction en chaîne** appelée un signal nerveux. Les plus rapides d'entre eux voyagent à environ 100 mètres par seconde[1], une vitesse d'escargot comparée à celle de la lumière (300 000 km par seconde), mais qui permet d'aller d'une extrémité à l'autre du corps humain en moins de 0,02 seconde. Une fois le signal arrivé à destination, le système nerveux évalue l'urgence de la brûlure et envoie un nouveau signal ordonnant expressément à la main de lâcher le plat.

1. La vitesse varie en fonction du diamètre du neurone et de sa composition.

Figure 5.1 Lorsqu'un plat brûlant est pris en main, un signal nerveux se déclenche et se propage grâce à des neurones (en bleu) jusqu'au système nerveux central.

C'est une fois le plat en morceaux et le (jadis appétissant) repas gisant sur le sol que nous réalisons ce qu'il vient de se passer. Il faut dire que, par souci de rapidité, ces signaux contournent notre lente conscience. Notre système nerveux regorge d'ingéniosité et de prouesses physiologiques et chimiques. Celle qui nous intéresse aujourd'hui concerne le fonctionnement du **signal nerveux : comment se déplace-t-il** ?

Pas de signaux de fumée, ni de haut-parleur, ni même de morse. Notre corps est doté de son propre réseau électrique où les neurones, composants essentiels du système nerveux, font office de câbles (figure 5.1). À l'intérieur, l'information circule grâce à des particules chargées électriquement : des ions !

Les ions

Un ion est un atome chargé électriquement[2]. À l'échelle atomique, cela se traduit par un nombre d'électrons différent du nombre de protons dans le noyau.

Un ion est alors noté comme l'abréviation de son élément (chapitre 2) suivi d'un numéro qui indique le nombre d'électrons perdus ou gagnés, ainsi que d'un «+» dans le cas où l'atome a perdu des électrons et d'un «-» lorsqu'il a gagné des électrons. Ainsi, l'atome de calcium qui aurait perdu deux électrons serait noté Ca^{2+}.

Cela semble contre-intuitif d'attribuer un «+» lors de la perte d'électron et un «-» lors du gain, mais il faut considérer la charge totale de l'atome. Lorsqu'un atome a perdu un électron, il comprend plus de protons (chargés positivement) que d'électrons (chargés négativement): la charge globale de l'atome est donc positive. On lui donne alors le surnom de «cation». Dans le cas contraire (atome chargé négativement), son surnom est «anion».

2. En toute rigueur, un ion n'est pas un atome puisqu'un atome est, par définition, électriquement neutre. Idéalement, il faudrait plutôt dire qu'un ion est une «particule atomique ou moléculaire avec une charge nette, positive ou négative».

Reprenons à la toute première étape du réflexe, au moment où, distrait par le fromage gratiné à la perfection qui bouillonne sous vos yeux, vous tendez les mains et votre peau entre en contact avec le plat. Vos capteurs thermiques s'en rendront rapidement compte !

Étape 1 : Capter la présence de la chaleur

Partout, de la peau jusqu'à l'intérieur de nos organes, nous sommes tapissés de capteurs de douleur (appelés nocicepteurs), les gardiens et lanceurs d'alerte de notre corps. Il existe de très nombreuses sortes de récepteurs et, parmi eux, ceux de la peau se classent en trois catégories : des mécanorécepteurs (mesurant des déformations de la peau, de la pression), des thermorécepteurs (pour les températures excessives) et des récepteurs dits polymodaux (capables de détecter de nombreux types de stimuli, dont les déformations de la peau et les températures évoquées précédemment). Ces différents capteurs sont nos neurones, ces cellules spécialisées à la forme étrange (figure 5.2). Ils sont composés d'une partie très allongée appelée l'axone, et ce sont leurs extrémités (dendrites) qui forment les terminaisons nerveuses et permettent d'être à l'affût de nombreux stimuli. Leur forme tentaculaire leur permettent d'ailleurs de couvrir une surface beaucoup plus grande afin de capter un signal d'alerte (stimulus) le plus efficacement possible.

Permettez-moi une parenthèse pour soulever que, étrangement, le cerveau est le seul organe à ne posséder aucun capteur. Un « mal de tête » n'a donc pas pour origine le cerveau lui-même ! Sa provenance reste encore débattue et à l'étude, mais certains de ces maux peuvent provenir de structures entourant le cerveau ou le système nerveux, qui eux, sont pourvus de récepteurs.

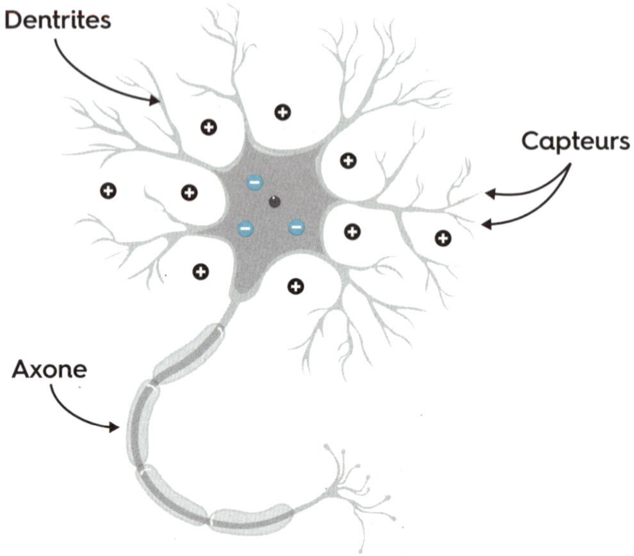

Figure 5.2 Représentation d'un neurone. Les récepteurs de la douleur sont les branches tentaculaires (les dendrites). L'ensemble du neurone baigne dans un environnement où se trouvent une majorité d'ions positifs (notés ⊕), alors que l'intérieur du neurone présente une majorité d'ions négatifs (notés ⊖).

Revenons à notre dîner. Les capteurs thermiques des doigts, désormais bien au courant de la présence d'une chaleur excessive, s'affolent. Leur réaction **est d'ouvrir les portes d'entrée qui mènent à l'intérieur du neurone.** C'est le premier domino d'une réaction électrique en chaîne qui va s'opérer en une fraction de seconde.

Étape 2 : Changer la tension électrique du neurone

Pour comprendre comment nos capteurs déclenchent le signal nerveux, il nous faut savoir ce qui a changé entre l'instant précédant et suivant le contact avec le plat bouillant.

Juste avant de le toucher, nos neurones, tels des gardiens de sécurité aguerris, étaient « au repos », bien que toujours sur le qui-vive. Un climat de *tension électrique* régnait. En effet, entre l'extérieur et l'intérieur du neurone, l'environnement n'est pas le même. Aux alentours du neurone « aux aguets », une grande quantité d'ions positifs (cations) se prélassent, tandis que, à l'intérieur, les ions négatifs (anions) prédominent.

Dans notre cas, la tension électrique était de l'ordre de -65 mV (à titre de comparaison, une pile AA fournit une tension de 1,5 V, soit une tension 23 fois plus grande que celle de nos neurones). Souvenez-vous de l'analogie donnée au chapitre 4 pour la tension. Elle se représente comme l'amont et l'aval d'une rivière. Ici, l'amont correspond à l'extérieur du neurone, l'aval à l'intérieur et les parois du neurone agissent tel un barrage pour les ions. Lorsque cette barrière s'ouvre, les cations se déplacent alors comme un cours d'eau : du positif (extérieur) au négatif (intérieur).

C'est ce qui s'est produit lors du titillement excessif de nos capteurs par la chaleur intense : les neurones deviennent perméables à certains ions grâce à des vannes appelées des canaux ioniques (figure 5.3, ❶). Une fois ces derniers ouverts, certains cations se précipitent à l'intérieur du neurone[3], changeant complètement l'équilibre électrique qui existait. Au fur et à mesure de l'intrusion des charges positives dans le neurone, le potentiel électrique augmente (c'est-à-dire qu'il se « dirige vers des valeurs positives ») : -65 mV, -63 mV, -60 mV...

3. Les échanges ioniques sont en réalité un peu plus complexes. Une majorité d'ions positifs affluent à l'intérieur du neurone, mais des charges positives et négatives sortent ou entrent dans le neurone également. À une échelle plus macroscopique, il y a un flux d'ions positifs plus conséquent vers l'intérieur du neurone.

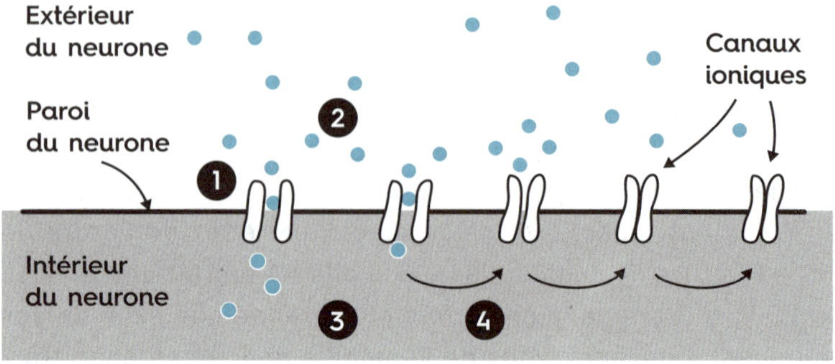

Figure 5.3 Propagation du signal dans le neurone. Le schéma est un zoom sur la paroi du neurone où des canaux ioniques s'ouvrent (1), permettant de faire entrer des ions positifs (2) dans le neurone. Cet afflux change l'environnement électrique du neurone (3), ce qui provoque l'ouverture du canal ionique adjacent (4) et ainsi de suite (réaction en chaîne).

Et ce flot de cations continue jusqu'à un seuil, un point de non-retour. Autour de -55 mV, une réaction en chaîne appelée le « potentiel d'action » se déclenche. Vous le connaissez d'ailleurs peut-être sous son ancienne dénomination : l'influx nerveux.

Étape 3 : Création de la réaction en chaîne

La tension électrique a tellement changé là où les canaux ioniques se sont ouverts (allant même jusqu'à des valeurs positives) que cela déclenche l'ouverture d'autres canaux localisés un peu plus loin (figure 5.3, ❸). Cette nouvelle entrée de cations dans le neurone modifie la tension localement, déclenchant l'ouverture des canaux ioniques adjacents. Et ainsi de suite. Tels des dominos, ce cycle se répète d'un bout à l'autre du neurone, de proche en proche, comme autant de portes s'ouvrant pour laisser entrer des ions qui feront passer le signal envoyé par les capteurs des doigts brûlés. Une fois le plat lâché, le neurone revient à son état de repos par des mécanismes similaires.

Le plus surprenant dans cette réaction en chaîne est qu'aucun ion ne se déplace d'une extrémité à l'autre du neurone. Tels des dominos dont chaque brique se déplace très légèrement, ils génèrent un autre mouvement plus global, les ions se déplacent certes en entrant et en sortant latéralement dans le neurone, mais ils ne le parcourent pas. Seul un **signal électrique** chemine le long du neurone sous l'effet des entrées d'ions latérales (figure 5.3, ❷).

Ce signal d'un bout à l'autre du neurone ne deviendra cependant utile que lorsqu'il se transmettra à d'autres neurones afin de cheminer jusqu'au système nerveux central.

Étape 4 : La communication !

Une fois le signal arrivé à l'extrémité du neurone, celui-ci déclenche (dans la plupart des cas) la sécrétion d'un composé chimique appelé « neurotransmetteur » qui se déplacera jusqu'à un autre neurone où il provoquera un nouveau signal électrique. En effet, la majorité des neurones ne sont pas connectés les uns aux autres physiquement comme des rallonges. Afin que le signal se propage sans être physiquement connecté, le signal électrique du neurone induit un signal chimique se déplaçant (physiquement cette fois-ci) d'un neurone à l'autre[4].

C'est le grand jeu de notre câblage électrique interne : passer d'un signal électrique à un signal chimique, puis électrique, puis chimique, etc. Et c'est ce ballet de conversions de signaux qui, espérons-le, fonctionnera mieux qu'un téléphone arabe pour communiquer un message clair au commandant en chef : le système nerveux central.

4. Notons que le neurotransmetteur peut également, selon le cas, inhiber le signal nerveux plutôt que l'activer.

Étape 5 : Le système nerveux central réagit

La douleur, techniquement, n'est qu'une interprétation subjective de nos signaux corporels par le cerveau. C'est « dans la tête » que la douleur existe. Sa perception découle des signaux nerveux reçus, mais aussi de facteurs environnementaux et sociaux tels que la surprise, une exposition antérieure à une même blessure, les normes culturelles, etc. (Sans doute cela explique-t-il en partie pourquoi un enfant en bas âge venant de chuter aura plus de probabilités de se mettre à pleurer si l'un de ses proches semble plus inquiet qu'indifférent.)

Les réflexes, quant à eux, sont inconscients. Ainsi, une fois que le signal électrique enclenché par un excès de chaleur atteint le système nerveux central, une réaction inconsciente se produit. Ce satané plat étant beaucoup trop chaud, le système nerveux central (qui ne prend même pas la peine de demander au cerveau si ce plat a une quelconque valeur sentimentale) ordonne aux muscles de le lâcher... en utilisant de nouveau un signal électrique.

Les déplacements ioniques, sous la forme d'un potentiel d'action, ne sont pas qu'à l'origine de nos réflexes. Ces échanges ioniques sont communs à nos moindres contractions musculaires volontaires, comme tourner une page de ce livre, ou involontaires comme les battements de notre cœur. Par le biais de ces allées et venues des ions, nous bougeons, ressentons, souffrons, jouissons... nous sommes vivants.

Le pôle négatif des énergies vertes

Les coordonnées GPS 40.637861, 109.687972 pointent vers un lac artificiel à Baotou en Mongolie mineure. Dans cette étendue d'eau, aucune forme de vie n'existe. Pas un poisson, pas une algue. Dans l'air, une odeur de sulfure persistante venant du lac agresse les narines. Cette immense nappe de 10 km^2 occupe tout l'horizon. Elle est la poubelle de l'usine minière mitoyenne qui extrait des minerais appelés les « éléments de terres rares ».

Ces métaux entrent dans la composition de nombreux appareils électroniques : batteries, écran LCD, imagerie médicale, téléphones portables, aimants… Ironiquement, ces minerais, au processus d'extraction particulièrement polluant, rendent aussi possible la fabrication de sources d'énergie verte, telles que les éoliennes, les panneaux solaires et les voitures électriques. C'est un marché[5] lucratif pour la Chine, fournisseur de 95 %[6] des terres rares dans le monde, aux dépens de la préservation de son environnement.

5. Les besoins ne cessent de croître (8 à 12 % par année depuis près de 15 ans, une tendance qui promet de s'accentuer avec le temps).

6. Approximation datant de 2015.

L'équilibre vient pourtant de changer. La Chine a mis en place des mesures protectionnistes visant à réduire l'exportation. Branle-bas de combat. L'Occident, dépendant de ces ressources, devra les extraire lui-même.

Le Canada prospecte. Il se pourrait bien que le pays héberge entre 40 % et 50 % des ressources mondiales, mais aucune usine n'est encore sur pied. Et pour cause, les maux des résidants vivants aux alentours du lac artificiel en Mongolie n'inspirent pas confiance : un nombre accru de cancers, une agriculture devenue impossible, des difficultés respiratoires… Les gouvernements (et les populations) craignent pour leur propre environnement. Peut-on extraire ces minerais de manière propre ? Comment gérer les contaminations ? Comment les organismes vivants réagissent-ils à la présence de terres rares ?

Admettons que le Canada crée des usines. Admettons que l'extraction de ces éléments chimiques ne soit pas propre et admettons qu'une partie soit relâchée dans l'environnement. *Que se passerait-il ?* Cette question semble simple, mais elle englobe de nombreuses sous-questions à l'origine de secteurs actifs de recherche.

Une de ces sous-questions concerne les organismes vivants dans les lacs où seraient relâchés ces éléments de terres rares. En effet, même si ces minerais sont extraits, une partie d'entre eux passent entre les mailles du filet et finissent dans l'étendue d'eau la plus proche, où vivent de nombreux organismes vivants. Ces derniers absorberaient-ils ces substances ? Justine-Anne Rowell, avec qui je me suis entretenue, planche sur cette problématique. Et la question importe. Si absorption il y a, alors il faudra ouvrir une nouvelle boîte de Pandore remplie de nouvelles sous-questions auxquelles nous devrons répondre, notamment quel est l'impact de l'absorption de ces éléments sur les fonctions vitales de ces minuscules organismes ? Meurent-ils ? Représentent-ils une source de toxicité pour d'autres organismes de la chaîne alimentaire ?

Mais revenons à la question de Mme Rowell : *les éléments de terres rares sont-ils absorbés par les organismes aquatiques ?* Elle a choisi un être vivant minuscule (quelques micromètres de diamètre [0,01 mm]) : *Chlamydomonas reinhardtii*, une algue verte d'eau douce. Le choix de cette algue n'est pas anodin. Il s'agit en effet d'un organisme unicellulaire largement étudié du fait de sa simplicité. Puisque une seule membrane cellulaire sépare l'intérieur de l'extérieur de l'organisme, les éléments de terres rares sont faciles à retracer : ils se trouvent dans la cellule… ou hors de la cellule. Si l'organisme choisi était plus complexe comme un poisson ou comme nous, humains… les interactions possibles entre nos milliards de cellules et l'environnement seraient infinies : par simple contact peau à peau, par le biais de l'alimentation, par la respiration. Sans parler des réactions naturelles de l'organisme qui feront intervenir notre système nerveux, nos hormones, etc. C'est un tel souk que l'étude serait infaisable. L'utilisation d'une algue unicellulaire représente alors une première étape permettant d'évaluer si les éléments sont absorbés et par quels moyens. Si cette absorption est avérée, il faudra se poser la question pour les organismes plus complexes. Mais nous n'en sommes pas encore là !

Pour l'instant, dans son laboratoire, Justine recrée une sorte de petit lac à l'échelle d'un bécher : de l'eau, des algues, des sels et minéraux (sodium, potassium, aluminium, etc.), de la matière organique et du samarium (un élément de terre rare noté Sm) en solution. On laisse le tout interagir, puis on étudie chimiquement comment les ions se sont déplacés… et surtout dans quelle mesure le samarium est parvenu à entrer dans la cellule de notre micro-organisme test.

Sachant comment un organisme unicellulaire fonctionne, l'absorption de ces éléments est plausible. Naturellement, pour vivre, l'algue interagit avec une variété d'ions majoritairement positifs.

Des cations du calcium (Ca^{2+}), du magnésium (Mg^{2+}), de l'hydrogène (H^{+}) et de l'aluminium (Al^{3+}) traversent la membrane cellulaire et se lient avec d'autres éléments à l'intérieur de la cellule, créant les réactions nécessaires pour nourrir cette cellule, pour lui permettre de se déplacer ou même de se cloner.

Cependant, la cellule ne fait pas la fine bouche. Les canaux qui permettent aux ions de traverser la membrane cellulaire ne sont pas très sélectifs, pourvu qu'un ion se présente avec le bon degré d'oxydation, soit l'expression chic pour parler du nombre de charges positives ou négatives qu'il porte (1-, 2+, 3+, etc.). Si un ion porte une charge 3+, qu'il s'agisse de l'aluminium, un élément métallique essentiel, ou un élément de terre rare, il y a tout lieu de croire que la cellule ne sera pas très habile pour les distinguer !

Une fois que les ions d'éléments de terres rares ont pénétré à l'intérieur de la cellule, ils entreraient donc en compétition avec les ions métalliques essentiels, tels que l'aluminium ou le zinc, et seraient susceptibles de dérégler les mécanismes naturels de la cellule.

Ces impacts potentiels restent méconnus et ce n'est pas notre sujet, d'autant plus que, avant d'évaluer une potentielle toxicité, il nous faut d'abord comprendre dans quelle mesure ces éléments sont absorbés par les organismes vivants.

Le samarium en solution existe majoritairement sous la forme d'ions Sm^{3+}, la forme chimique sous laquelle le métal est le plus facilement absorbé par l'algue. Cet ion est toutefois susceptible de se lier aussi avec d'autres molécules présentes en solution, telles que la matière organique que Justine avait intégrée dans son lac. Ces ions ont donc le choix : soit ils entrent dans la cellule, soit ils s'attachent à la matière organique. En effet, dans ce dernier cas, une fois les ions de samarium liés à ces énormes molécules organiques, ils ne peuvent plus pénétrer à l'intérieur de la cellule.

Le petit lac artificiel de Mme Rowell a dévoilé ses premiers résultats : les ions de samarium préfèrent se lier avec la matière organique plutôt que de pénétrer dans la cellule.

Bonne nouvelle, a priori. Cela suggère que ces organismes vivants (unicellulaires) pourraient être protégés de l'impact des éléments de terres rares par la présence de matière organique. La recherche est balbutiante à ce sujet. Chaque étude est une pierre à l'édifice, mais la maison est loin d'être construite.

La réalité est encore plus complexe. Si nous avons abordé le problème de la toxicité de ces minéraux en particulier, les mines d'où ils sont extraits regorgent aussi d'éléments radioactifs, tels que l'uranium… eux-mêmes rejetés dans l'environnement tout en exposant les mineurs à la radioactivité. Et cela se complexifie encore. Lors de l'extraction du minerai, plusieurs éléments de terres rares sont mélangés, imbriqués les uns dans les autres… et inutiles en l'état. Leur nécessaire séparation pour être exploité dans nos appareils technologiques est extrêmement complexe et polluante. C'est cela qui a retardé leur découverte et leur a conféré le nom de « rares », alors qu'ils sont très abondants dans la croûte terrestre, contrairement à ce que leur nom indique.

Terres rares, éléments radioactifs, produits toxiques et acides polluent actuellement les alentours des sites d'exploitation minière sans que l'on en comprenne encore l'ampleur ni la part de responsabilité de chaque élément quant aux effets néfastes observés. Un ion à la fois, la recherche et la technologie contribuent à nos connaissances afin que, peut-être un jour, l'exploitation de cette richesse de la terre ne se fasse pas au détriment de notre Terre.

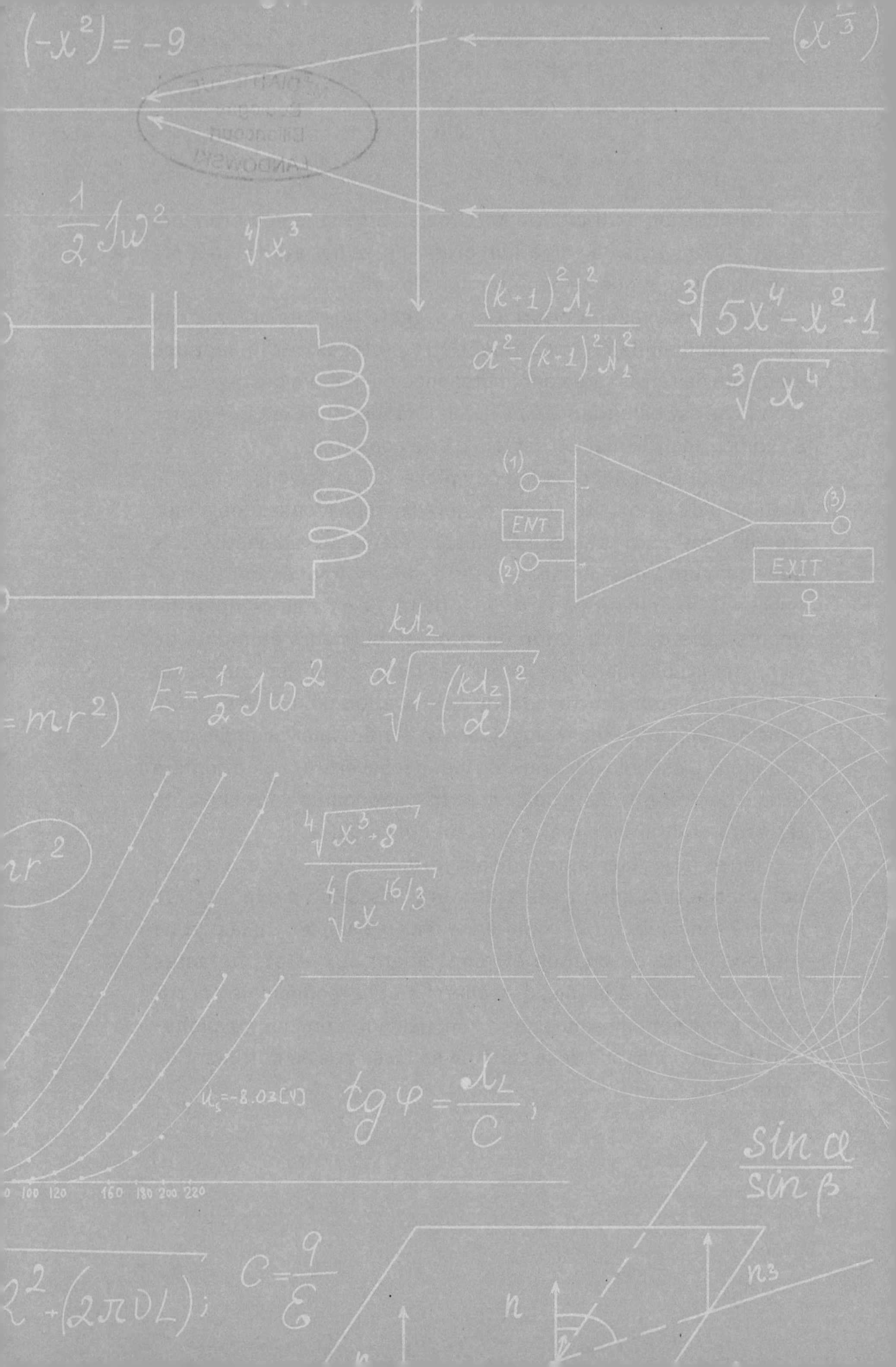

ENT
EXIT
(1)
(2)
(3)

6

La puissance de la racine carrée

À lasagne carrée, cuisson au carré

Il y a quelques années, une amie enseignante d'anglais découvrait les vidéos de science que je réalise[1]. Elle m'expliquait alors qu'elle appréciait mon travail, car elle comprenait enfin l'utilité de certaines notions scientifiques. Elle se souvenait d'ailleurs de son désarroi lorsqu'elle avait été exposée pour la première fois à la racine carrée. N'en ayant pas saisi l'intérêt, elle n'avait jamais réussi à l'apprendre, me racontait-elle. Après avoir raccroché, la question trottait dans ma tête : *comment peut-on ne pas voir l'importance et l'utilité de la racine carrée ?* Jusqu'à ce que je réalise que l'intérêt de l'apprendre m'échappait ! J'étais dans la même situation que mon professeur de mathématiques dont je vous parlais dans l'avant-propos.

Bien sûr, je me sers de la racine carrée quotidiennement dans mon travail (du théorème de Pythagore notamment, pour calculer l'impact de forces). En revanche, je ne trouvais pas un seul usage suffisamment courant qui convainque qui que ce soit évoluant dans un milieu non scientifique de la pertinence de son apprentissage.

1. Vous pouvez les trouver ici : https://www.youtube.com/scilabus

Elle le découvrira sans doute en lisant ces lignes, mais cette interrogation m'a longtemps habitée et a été le déclencheur de ce livre.

Au même titre que lorsque vous lisez ce livre, vous ne vous exclamez pas : « *Ah ! Enfin ! Voilà un usage pertinent de la lettre A. Cela faisait des années que je me demandais à quoi cela avait bien pu servir d'apprendre l'alphabet.* » On pourrait dire que la racine carrée est une lettre de l'alphabet mathématique, un outil qui ne sert à rien en tant que tel, sorti d'un contexte. Une lettre sert à écrire, une addition sert à compter et la racine carrée permet de trouver le nombre qui, multiplié par lui-même, est égal à un autre nombre donné.

Le carré et la racine carrée

Pour définir la racine carrée, il nous faut d'abord définir le deuxième terme, le carré ! Lorsqu'un nombre est multiplié par lui-même, on dit qu'il est « au carré » ou « puissance deux ». Par exemple :

$$5 \times 5 = 5^2 = 25$$

Le deux en exposant indique le nombre de fois que l'on trouve le nombre 5 dans la multiplication.

On aurait aussi pu écrire

$$5^1 \times 5^1 = 5^{(1+1)} = 5^2 = 25$$

Une des règles mathématiques est que les exposants de deux nombres identiques que l'on multiplie s'ajoutent. Par exemple :

$$5^2 \times 5^3 = (5 \times 5) \times (5 \times 5 \times 5) = 5^{(2+3)} = 5^5 = 3125$$

Et ces exposants peuvent aussi être des fractions! Dans cet exemple:

$$5^{1/2} \times 5^{1/2} = 5^{1/2 + 1/2} = 5^1 = 5$$

$5^{(1/2)}$ est multiplié par lui-même (il est donc au carré) et est égal à 5. Autrement dit, le carré de $5^{(1/2)}$ vaut 5.

Il se trouve que l'on a un signe pour écrire $5^{(1/2)}$ plus simplement:

$$5^{1/2} = \sqrt{5} \simeq 2{,}24$$

La racine carrée n'est qu'une notation mathématique simplificatrice de la puissance ½.

La racine carrée représente donc une sorte d'opération « inverse »[2] du carré!

D'ailleurs, il n'existe pas que des racines carrées. Voici la racine cubique:

$$5^{1/3} = \sqrt[3]{5} \simeq 1{,}71$$

ce qui équivaut à dire que le cube de 1,71 est 5 ou

$$1{,}71 \times 1{,}71 \times 1{,}71 = 1{,}71^3 \simeq 5$$

Puisque c'est le contexte qui donne tout son intérêt à un outil comme la racine carrée, parlons... du contenu de notre assiette!

2. En toute rigueur, la racine carrée est la bijection réciproque du carré.

Admettons qu'un soir où vous recevez des amis, dans votre enthousiasme, vous cuisiniez un plat de lasagne deux fois plus gros que la recette familiale de laquelle vous n'avez jamais dérogé, ou que vous achetiez un steak deux fois plus épais que d'habitude – puisque les lasagnes et les steaks sont devenus des exemples de choix dans ce livre (voir chapitre 5 et chapitre 10) –, et que, après coup, cette question vienne vous hanter : si mon plat est deux fois plus épais que d'habitude, faut-il simplement doubler le temps de cuisson ? En cas de mauvais calcul, soit votre cuisson sera ratée, soit votre plat sera prêt trop tôt et servi froid, soit il sera servi trop tard... à des convives déjà rassasiés par l'apéritif.

En traduisant cela en langage plus scientifique, la question du temps de cuisson revient à demander si la diffusion de la chaleur à l'intérieur de la viande suit un processus linéaire : deux fois la taille = deux fois le temps de cuisson ?

Pour y répondre, faisons une parenthèse sur ce à quoi correspond une cuisson. Au fur et à mesure de l'augmentation de la température, des changements chimiques se produisent dans le plat. Par exemple, pour un steak de bœuf, la température de la viande doit, à cœur (à l'intérieur), atteindre 60 °C pour que ces réactions chimiques s'opèrent. À cette température, une des protéines de la viande appelée la myosine se désorganise, se défait : on dit qu'elle se dénature. Le cœur de la viande est cuit ! Cependant, les contours de la pièce de bœuf atteignent, eux, des températures plus élevées. En effet, pendant que la chaleur se diffusait à l'intérieur du steak, l'extérieur a cuit plus longtemps et a monté en température, souvent autour de 120 °C. À cette température, plusieurs réactions chimiques additionnelles se sont produites : entre autres, un deuxième type de protéine, l'actine, est dénaturée et une partie plus importante de l'eau, constituant 60 à 85 % d'une viande crue, s'est vaporisée (voir chapitre 12), d'où une chair toujours plus juteuse au cœur qu'aux contours de la pièce de viande.

En doublant l'épaisseur d'un mets, on augmente la distance entre la source de chaleur et son cœur. Le temps de cuisson dépend alors de la façon dont la chaleur se diffuse dans les aliments, et il se trouve que nous avons pour cela une formule faisant intervenir la racine carrée :

$$\text{Epaisseur} = \sqrt{4D \times \text{temps}}$$

Cette formule représente la diffusion de la chaleur dans un mets d'une certaine épaisseur (en cm) en fonction du temps de cuisson (en secondes). Notez qu'il faut considérer l'épaisseur différemment selon le type de cuisson, au four ou à la poêle. Dans le four, la chaleur provient de tous les côtés, donc il faut considérer la moitié de l'épaisseur. Tandis qu'à la poêle, la chaleur n'arrive que d'un côté, par conséquent il faut prendre toute l'épaisseur du plat. La lettre D correspond à *la constante de diffusion*. Elle a été déterminée expérimentalement et on la trouve dans des tables comme celle de la page suivante (tableau 6.1).

Aliment	Constante de diffusion
Poisson	1.09
Pomme	1.12
Pomme de terre	1.23
Fraise	1.27
Bœuf	1.35
Poulet	1.36
Eau	1.4

Tableau 6.1 Valeurs de constante de diffusion de la chaleur (en x10^{-3} cm^2/s) en fonction de l'aliment. Il est possible d'approximer la valeur de D pour les aliments qui ne sont pas recensés dans le tableau. Comme l'eau est le composant principal de la majorité des aliments que nous cuisons, chacun aura une valeur de constante relativement proche de celle de l'eau.

Nous allons devoir jouer avec l'équation de la page 106 pour la rendre le plus utile possible afin d'avoir une règle à épingler sur le frigo. La première chose à faire est de la réorganiser pour isoler le temps de cuisson qui sera la variable d'intérêt de la formule :

$$\text{temps} = \frac{\text{Epaisseur}^2}{4D}$$

La racine carrée a disparu, mais son *alter ego* le carré a fait son apparition. Cette formule, plus utile, montre que le temps de cuisson dépend de l'épaisseur du plat au carré divisé par quatre fois la constante de diffusion dont nous parlions.

Sans doute vous demandez-vous comment on peut envisager de déterminer un temps de cuisson avec une formule qui ne prend en compte ni la température de départ du mets, ni la température d'arrivée, ni le mode de cuisson, etc. C'est en effet impossible. En réalité, il faut utiliser cette formule de façon comparative, c'est-à-dire en faisant une relation proportionnelle entre les variables

La comparaison d'équations

Pour comparer deux équations comme celles-ci…

$$temps_{nouveau} = \frac{Epaisseur^2_{nouveau}}{4D}$$

$$temps_{habituel} = \frac{Epaisseur^2_{habituel}}{4D}$$

… on les divise entre elles

$$\frac{temps_{nouveau}}{temps_{habituel}} = \frac{\frac{Epaisseur^2_{nouveau}}{\cancel{4D}}}{\frac{Epaisseur^2_{habituel}}{\cancel{4D}}} = \frac{Epaisseur^2_{nouveau}}{Epaisseur^2_{habituel}}$$

connues et celle à trouver. Les mêmes formules s'appliquent à la lasagne ou au steak d'épaisseur différente de ceux que vous avez l'habitude de préparer.

Ainsi, le temps de cuisson pour n'importe quel plat plus fin ou plus épais que d'habitude correspondra à : la multiplication du temps de cuisson habituel par le ratio de la nouvelle épaisseur au carré par rapport à l'épaisseur habituelle au carré ! Vous n'avez plus qu'à afficher cette formule sur votre frigo !

$$temps_{nouveau} = temps_{habituel} \frac{Epaisseur^2_{nouveau}}{Epaisseur^2_{habituel}}$$

Par exemple, si vous avez l'habitude de cuire un steak de 1 cm d'épaisseur, lorsque vous doublez son épaisseur, comme elle est au carré dans la formule, cela multiplie le temps par $2^2 = 4$. Un steak deux fois plus épais mettra quatre fois plus de temps à cuire ! S'il est trois fois plus épais, alors il faudra multiplier le temps de cuisson par neuf ($3^2 = 9$) !

La racine carrée se cache un peu partout, simplement parce qu'elle fait partie des outils nous permettant de décrire notre monde mathématiquement. La formule de la diffusion de la chaleur en est un exemple, mais sans doute l'utiliserez-vous aussi lors de travaux pour calculer la longueur de votre toit avec le théorème de Pythagore (voir chapitre La trigonométrie des sphères). La racine carrée est un peu partout. La détecterez-vous un peu plus, à présent ?

1 + 2 = D, dit YouTube. 1 + 1 = 10, dit la calculatrice.

Je passe beaucoup de temps sur Internet et particulièrement sur YouTube qui héberge des milliards de vidéos. Peu à peu devenu la nouvelle télévision des générations les plus « jeunes » (y compris la mienne), son avantage indéniable réside dans la possibilité de regarder des vidéos sur tous les types de sujets quand on le souhaite et non quand cela est diffusé. Afin d'accéder à LA vidéo recherchée, elles doivent alors toutes être identifiées de façon unique et des puissances se cachent dans la représentation de cette identification, ce « code-barres » numérique.

Vous pouvez voir ce fameux code dans le lien de chacune des vidéos. Par exemple, celui-ci :

https://www.youtube.com/watch?v=MFmwlkM420g

La première partie « https://www.youtube.com/watch?v = » indique simplement qu'il faut se rendre sur le site de YouTube pour regarder une vidéo, tandis que la seconde, celle qui nous intéresse, correspond à l'identification de la vidéo : « MFmwlkM420g ». Onze chiffres et lettres représentant notre code-barres virtuel. Ce code est somme toute assez court vis-à-vis de la quantité de vidéos existantes qui dépasse le milliard[3].

La nécessité d'une identification unique se présente aussi pour chaque produit en vente. Supposons que vous commandiez ce livre en ligne. Celui-ci possède une identification unique (le code-barres sur la quatrième de couverture), mais si ce code est le même que celui d'un jeu de quatre roues de voiture... il est possible que vous soyez surpris au moment de la facture... ou de la réception de votre achat. Chaque produit, ou dans notre cas chaque vidéo YouTube, se doit d'avoir son empreinte digitale unique.

Quand alors allons-nous épuiser toutes les identifications possibles des vidéos YouTube ? Le site d'hébergement de vidéo est-il voué à sa propre perte ? Devra-t-il supprimer d'anciennes vidéos pour libérer des identifiants et les attribuer à des vidéos plus récentes ?

La question sous-jacente à tout cela consiste à demander : mais comment YouTube compte-t-il ses vidéos ? Ou encore... comment son code est-il généré ?

L'encodage consiste à représenter une information sous une autre forme. Par exemple, lorsque vous écrivez « 3 pommes » dans votre recette, vous venez d'encoder l'information du nombre de pommes sous la forme du chiffre « 3 ».

= 3

Figure 6.1

3. YouTube ne publie pas ce chiffre officiellement. Il s'agit ici d'une estimation.

Mais vous auriez aussi pu écrire «| | | pommes», chacune des barres représentant une pomme, ou bien « D pommes » où « D » ne représenterait pas la lettre « D » mais toujours « trois » pommes, ou encore « 11 pommes » où « 11 » ne représente pas le nombre onze mais bien trois pommes (oui, oui, promis, on va y revenir). Toutes ces façons différentes d'encoder l'information reposent sur ce que l'on appelle les bases arithmétiques.

Par exemple, la base que nous connaissons et côtoyons le plus est la base 10 (appelée le système décimal) : nous comptons par groupe de 10, de 0 à 9. Le fait que cette base ait été choisie naturellement par la majorité des cultures au fil des siècles provient sans doute de nos mains qui arborent dix doigts aisément manipulables pour compter. L'étymologie de certains mots vient d'ailleurs renforcer cette hypothèse : le mot anglais « *digit* » fait à la fois référence à « *nombre* » et à « *doigt* », ou encore le mot anglais « *five* » se traduisant par « *cinq* » en français a des racines communes avec « *fist* », le poing, qui est une représentation de cinq doigts.

Je sais bien que vous savez déjà compter, mais permettez-moi d'illustrer d'une façon différente comment vous comptez : en utilisant les puissances !

Prenons le nombre mille trois cent trente-sept, en base 10. Nous allons avoir besoin de repérer la position de chacun des chiffres dans l'espace de droite à gauche. Les unités se verront attribuer la position « 0 », les dizaines la position « 1 », les centaines la position « 2 », etc.

Nombre :	1 3 3 7
Position de chacun des chiffres au sein du nombre :	3 2 1 0

Maintenant que nous avons repéré la position de chacun des chiffres individuellement, nous pouvons représenter 1337 comme une suite d'additions de puissances successives.

$$1337 = 1 \times 10^3 + 3 \times 10^2 + 3 \times 10^1 + 7 \times 10^0 = 1000 + 300 + 30 + 7 = 1337$$

Notez comme le fait de compter à partir de 0 nous permet d'appliquer cette règle très simplement : le chiffre 7 est multiplié par 10^0, car il se trouve à la toute première position, soit le 0. Vient ensuite le 3, en deuxième position, qui se trouve alors multiplié par 10^1 et ainsi de suite. Ce calcul, toutes ces puissances, nous les faisons de tête, sans même y réfléchir ! Et pour cause, cela correspond à notre façon de décomposer ce nombre oralement :

1000	+	300	+	30	+	7
mille		trois cents		trente		sept

On l'oublie parfois, mais notre façon de compter, le système décimal, n'est pas le seul dont nous ayons un usage courant. Avant d'introduire d'autres bases arithmétiques, introduisons une notation qui nous sera utile dans la suite afin d'éviter les confusions. Désormais, quand nous indiquerons un nombre, nous préciserons toujours la base dans laquelle on l'exprime à l'aide d'un indice. Le nombre trois en base 10 s'écrit alors : 3_{10}. Si nous reprenons l'exemple des trois pommes, le nombre « trois » peut être représenté de la façon suivante, chacun dans une base différente :

$$3_{10} = 111_1 = D_{64} = 11_2$$

Parmi les bases que nous utilisons quotidiennement, la base 60 (système sexagésimal) nous sert à évoquer le temps (60 secondes font 1 minute, 60 minutes font 1 heure) ou des angles (60 minutes font 1 degré).

Il existe aussi la base 2, qui se cache au niveau le plus bas de l'informatique. Qu'il s'agisse de simuler des volcans (voir chapitre 13), des machines d'impression 3D (voir chapitre 11), des scolioses (voir chapitre 3), des coalescences de trous noirs (voir chapitre 1) ou simplement de calculer un carré ou une racine carrée, nos capacités de calcul actuelles et passées reposent simplement sur deux valeurs : le 0 et le 1. L'utilisation de cette base s'explique par le fait que l'informatique, décortiquée jusqu'à son niveau le plus fondamental, consiste avant tout en une série de fils électriques et de sortes d'interrupteurs (appelés transistors) agencés intelligemment. Ainsi, que le calcul se fasse dans une simple calculatrice ou dans un centre de données de Google, lorsque du courant passe dans un de ces fils, on le représente par un « 1 » et l'absence de courant est notée « 0 ».

Pour faire des calculs, gageons que nous aurons rapidement besoin d'atteindre des nombres plus élevés que 1. Pour les atteindre, il suffit à l'ordinateur d'ajouter un chiffre à gauche du premier. Le fait que l'on change de base ne change en rien notre capacité de faire des opérations mathématiques. Voici l'exemple de l'addition en binaire :

$$0 + 0 = 0$$
$$1 + 0 = 1$$
$$0 + 1 = 1$$
$$1 + 1 = \cancel{2} = 10$$

La dernière addition requiert sans doute un peu d'explications. Revenons à la base des bases : dans le système « unaire », comme lorsque nous utilisions des barres pour compter les pommes, il n'existe qu'un seul symbole : la barre (quoique nous pourrions utiliser tout autre symbole). Dès lors que l'on utilise d'autres bases plus grandes, d'autres symboles sont nécessaires pour représenter chacun des chiffres. Dans la base 10, 10 symboles ont été créés au fil des siècles : 0, 1, 2, 3, 4, 5, 6, 7, 8, 9[4]. La signification de chacun de ces symboles est tellement ancrée en nous qu'il est difficile d'imaginer que deux ronds l'un sur l'autre puissent signifier autre chose que « huit ». Dans la base 2, on dispose donc de deux symboles qui, par convention, sont « 0 » et « 1 ».

Ainsi, si nous avons l'habitude de considérer une lettre comme… une lettre et non un nombre, c'est seulement parce que nous sommes habitués à ce que ce symbole ait une autre signification. Techniquement, on aurait pu créer une base 10 dont les chiffres seraient les suivants :),!, @, #, $, %, ^, &, /, (. Une addition simple nous amènerait alors à @ + & = (… ou encore /(- !# = &^.

Déroutant, n'est-ce pas ?

Dans notre conception qu'est celle du système décimal, 1+1 = 2, mais comme le 2 n'existe pas en binaire, il nous faut ajouter un caractère (appelé un bit en informatique). De même que lorsqu'en décimal on additionne 8 avec 2, on écrit 0 et on retient 1 pour enfin écrire 10, en binaire, on fait 1+1 = 0 et on retient 1, ce qui donne 10. Peu importe la base, la retenue sert à ajouter une unité lorsqu'on arrive au bout des valeurs disponibles.

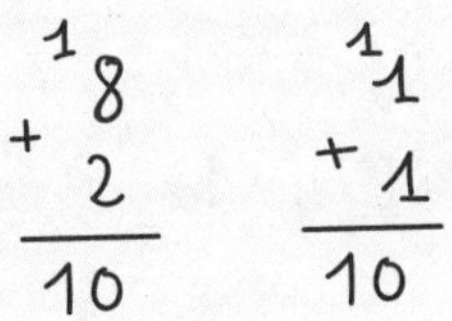

4. La création de ces symboles tels que nous les connaissons aujourd'hui s'est faite progressivement au cours des siècles. Les premières traces semblent provenir d'Inde et dater du 6e siècle environ. Ces sigles sont ensuite parvenus en Europe par l'intermédiaire des Arabes, ce qui explique que notre série de chiffres de 0 à 9 s'appelle le « système de numération indo-arabe ».

Donc, $8_{10} + 2_{10} = 10_{10}$ et $1_2 + 1_2 = 10_2$, sauf que ce « 10 » n'est pas le même dans un système basé sur deux symboles que dans un système basé sur 10 symboles.

Nous voilà maintenant experts de l'addition en binaire… sur papier du moins !

Si l'on suit cette logique, nos nombres décimaux de 0_{10} à 5_{10} se convertissent en binaire comme suit[5] :

Base 10	Base 2
0	0
1	1
2	10
3	11
4	100
5	101

Tableau 6.2 Tableau d'équivalences entre la base 10 et la base 2.

Afin de retrouver la valeur en base 10 de n'importe quelle valeur en binaire, il suffit de faire comme précédemment, en attribuant une puissance à chaque position et en réalisant une série d'additions :

$$101010_2 = 1 \times 2^5 + 0 \times 2^4 + 1 \times 2^3 + 0 \times 2^2 + 1 \times 2^1 + 0 \times 2^0 = 32 + 0 + 8 + 2 + 0 = 42_{10}$$

Si nous revenons à notre problème de départ, notre identificateur YouTube est, lui, plein de chiffres et de lettres… et pourtant cela correspond bien à un nombre unique… encodé avec des chiffres et des lettres !

5. Sachez que nous représentons le 1_{10} par 1_2 pour les besoins de l'explication. Cependant, par souci de constance avec la suite, il aurait été plus rigoureux d'écrire 001_2.

La base qu'utilise YouTube est une base 64. Cela signifie qu'il faut 64 symboles différents. Ceux qui ont été choisis en complément de nos chiffres classiques sont essentiellement des lettres majuscules et minuscules. Chacune des lettres se réfère à un nombre différent. Tout cela est montré dans le tableau ci-dessous qui rassemble tous les symboles de la base 64 dans la seconde colonne et donne leur équivalence dans notre base 10 familière.

Base 10	Base 64	Base 10	Base 64	Base 10	Base 64
0	A	22	W	44	s
1	B	23	X	45	t
2	C	24	Y	46	u
3	D	25	Z	47	v
4	E	26	a	48	w
5	F	27	b	49	x
6	G	28	c	50	y
7	H	29	d	51	z
8	I	30	e	52	0
9	J	31	f	53	1
10	K	32	g	54	2
11	L	33	h	55	3
12	M	34	i	56	4
13	N	35	j	57	5
14	O	36	k	58	6
15	P	37	l	59	7
16	Q	38	m	60	8
17	R	39	n	61	9
18	S	40	o	62	+
19	T	41	p	63	/
20	U	42	q		
21	V	43	r		

Tableau 6.3 Tableau d'équivalences entre la base 10 et la base 64.

Ainsi, le chiffre D_{64} signifie 3_{10} (comme les pommes dont nous parlions plus haut) et le chiffre q_{64} signifie 42_{10}. De la même façon que nous le faisions avec la base 10, n'importe quel nombre construit en base 64 peut se traduire en un nombre en base 10 en utilisant des additions de puissances, par exemple avec le nombre $F2uJ_{64}$:

$$F2uJ_{64} = F_{64} \times 64^3 + 2_{64} \times 64^2 + u_{64} \times 64^1 + J_{64} \times 64^0 =$$

$$5_{10} \times 64^3 + 54_{10} \times 64^2 + 46_{10} \times 64^1 + 9_{10} \times 64^0 = 1534857_{10} \text{ !}$$

Quelqu'un se lance pour faire une addition en base 64?

$$SCI_{64} + LABus_{64} = ?$$ [6]

Si tous les nombres d'une base peuvent se convertir en un autre... quel est l'intérêt d'utiliser une base 64 pour YouTube?

Le grand intérêt d'utiliser une base plus grande tient dans le fait que plus la base est grande, plus le nombre de chiffres unitaires pour représenter un grand nombre est petit.

Par exemple, le nombre quarante-deux s'exprime simplement en base 10 : 42. Mais dans la base unaire, cela est beaucoup plus long à écrire : ||||||||||||||||||||||||||||||||||||||||||. Et dans la base 64? Quarante-deux correspond à un seul caractère : « q ».

Imaginez vouloir représenter ne serait-ce que le nombre mille en petites barres, cela est non seulement beaucoup trop long, mais aussi impossible à lire. Ainsi, quand on sait que l'on va mani-

6. Si je ne me suis pas moi-même trompée, vous devriez trouver «LATw0».

puler de grands nombres, il devient intéressant d'aller chercher des bases plus élevées...

Le nombre $65\,215\,698\,542\,174\,854\,137_{10}$ nécessite vingt symboles les uns à la suite des autres. Une fois converti en base 64, ce même nombre s'écrit avec seulement onze symboles : $4kMtEvpStv5_{64}$. Cette longueur rend l'identification beaucoup plus facile à partager et à communiquer !

Alors combien exactement YouTube peut-il générer de code-barres uniques avec ses onze symboles en base 64 ? Nous allons encore utiliser des puissances pour y répondre !

Avec la base 10, si on sait que l'on veut un chiffre long de trois caractères, nous savons (par expérience) qu'il existe mille possibilités : de 0 à 999. On peut même trouver ce mille de façon logique en se disant que pour chaque caractère, il y a dix possibilités (de 0 à 9) et comme il y a trois caractères, nous avons 10^3 possibilités, ce qui nous donne 1000 !

Avec la base 64 et toujours trois caractères, il y a cette fois-ci 64 possibilités par caractère, soit $64^3 = 262\,144$ options !

Ainsi, si YouTube utilisait la base 10 avec 11 caractères pour identifier ses vidéos, il y aurait eu « seulement » $10^{11} = 100$ milliards vidéos possibles... alors qu'en base 64, il y a $64^{11} = 73\,786\,976\,294\,838\,206\,464$ vidéos possibles. Cela est assez pour que chaque humain peuplant cette Terre (7,5 milliards) publie 1000 vidéos par jour pendant près de 27 000 ans. Et dans l'éventualité assez improbable que cela ne suffise pas, l'ajout d'un caractère à leur identificateur augmenterait radicalement le nombre encore possible de vidéos. Autant dire que la problématique du stockage des vidéos arrivera bien plus vite que le problème de leur identification.

7

Masse et gravité : une question d’équilibre

Les superpouvoirs des femmes mahoraises

Figure 7.1 Femme indienne transportant un poids lourd en équilibre sur sa tête.

À Mayotte, une petite île française de l'océan Indien au nord-ouest de Madagascar, les paysages sont paradisiaques. Les femmes mahoraises, appelées *bouénis*, s'habillent avec de longs tissus colorés attachés intelligemment pour leur faire des robes. Lorsqu'elles doivent transporter un panier, elles ne le portent ni sur leur dos ni entre leurs mains mais plutôt sur la tête, comme on le voit souvent dans les cultures africaines ou indiennes.

Je suis fascinée par l'équilibre dont les *bouénis* font preuve. Alors que nos mains et nos bras sont articulés de façon à pouvoir y accrocher des objets pour les transporter, préférer poser un objet en équilibre sur notre tête semble contre-intuitif, surtout dans les cultures occidentales. Pourtant, techniquement, il s'agit «juste» d'arriver à placer le panier pile dans l'alignement des pieds et du nombril. Pourquoi le nombril? Parce que c'est à peu près à

Centre de masse

Le centre de masse correspond à un endroit précis, soit le point virtuel autour duquel la masse de l'objet qui nous intéresse est équitablement répartie en trois dimensions. S'il y a 5 kg à droite du centre de masse, c'est qu'il y a aussi 5 kg à gauche et cela dans toutes les directions. Le centre de gravité, quant à lui, correspond à l'endroit virtuel autour duquel le poids (et non la masse comme précédemment) de l'objet est équitablement réparti. Sur Terre, le centre de masse et le centre de gravité correspondent au même endroit.

La masse s'exprime en kilogrammes (kg), tandis que le poids, qui n'est rien d'autre que la masse multipliée par la pesanteur[1], s'exprime en Newton (N). Ainsi un même objet conserve toujours la même masse, indépendamment de l'endroit où il se trouve, mais son poids change selon qu'il est sur Terre, sur Mars ou à proximité d'un trou noir!

cette hauteur que se situe le centre de masse d'une personne debout (que vous connaissez peut-être sous le terme de « centre de gravité »), quand ses bras sont alignés le long du corps. Plus précisément encore, pour un homme considéré comme moyen, le centre de masse est à 1 cm derrière le bord avant supérieur de la première vertèbre sacrée (la plus haute des cinq vertèbres qui se trouvent *à la base* de la colonne vertébrale et qui forment le sacrum).

Si l'on part des hypothèses que, comme moi, vous êtes présentement sur Terre et que vous avez une masse supérieure à 0 kg,

1. La pesanteur correspond à l'accélération ressentie par n'importe quel objet à cause de la gravité, sur Terre, elle a une moyenne de 9,81 m.s-2.

alors il y a deux choses importantes à retenir. 1. Je ne prends pas beaucoup de risques avec mes hypothèses. 2. Nous sommes tous attirés vers le centre de la Terre du fait de sa fameuse gravité. En effet, notre poids nous attire vers le sol et, sur un dessin (figure 7.2), on représente cette attraction par une flèche placée au niveau du centre de masse et dirigée vers le centre de la Terre.

Dès que vous essayez de faire tenir quelque chose en équilibre comme un stylo sur le bout d'un doigt ou un cadre sur un clou, vous cherchez à aligner la flèche du poids avec le point d'appui. C'est LA règle à respecter pour garder un équilibre.

La conservation de cet alignement est un travail inconscient mais permanent. Dès qu'une personne porte un sac à dos lourd, par exemple en randonnée ou à l'école, le poids additionnel fait en sorte que le centre de masse de l'individu portant un sac est décalé vers l'arrière, donc plus tout à fait directement au-dessus des pieds. La chute est proche ! Sans même y penser, cette personne se penche vers l'avant pour compenser et ramener son centre de masse au bon endroit, au-dessus de ses pieds. À l'inverse, les femmes enceintes, qui ont plus de poids vers l'avant que d'habitude, ont tendance à se pencher vers l'arrière, ce qui est, vous l'aurez remarqué, assez difficile à faire puisque notre dos n'est pas conçu pour se plier dans ce sens-là[2].

La chute due à une perte d'équilibre se déroule de la même façon pour vous, moi, un cycliste, la tour de Pise ou le balai qui glisse du mur. Comme l'indique la figure 7.2, dès que l'alignement de la flèche du poids avec les pieds est rompu, le personnage com-

2. D'ailleurs, une étude récente a montré que les vertèbres des femmes avaient une forme adaptée à la grossesse. Si on regarde de côté une colonne vertébrale de femme, les vertèbres lombaires (bas du dos) ont une forme un peu plus trapézoïdale que chez les hommes. La colonne vertébrale des femmes ne peut pas se plier vers l'arrière pour autant, mais ce tout petit ajustement morphologique des vertèbres permet de compenser une partie du surpoids de la grossesse.

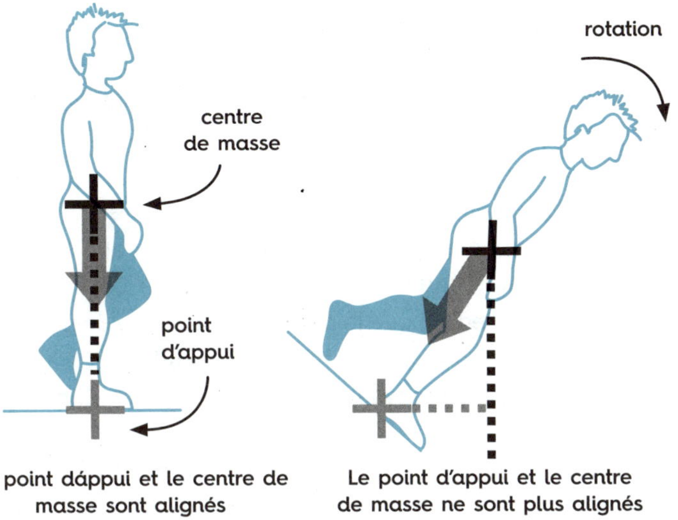

Figure 7.2 Personne debout qui tombe en avant. Le centre de masse et son point d'appui sont alignés lors de l'équilibre et sont décalés lors de la chute.

mence à tomber vers l'avant. Le point d'appui (ici, les pieds) joue le même rôle que le point d'attache d'un pendule (inversé). Entraîné par la gravité, le centre de masse tourne autour de ce point. Plus le centre de masse s'éloigne de l'alignement des pieds, plus la rotation s'accélère, jusqu'à l'inévitable embrassade avec le sol.

Cela signifie que, lorsque nous marchons, nous rompons sans arrêt ce précieux alignement. Marcher est donc une succession de chutes en mouvement de pendule que nous interrompons juste à temps avec nos pas ! Les personnes âgées dont le haut du dos est fortement arrondi ne peuvent pas rétablir leur équilibre par un simple changement de posture ; dans leur cas, rien de mieux qu'un appui supplémentaire, telle une canne.

Je vous propose une petite parenthèse expérimentale pour tester votre propre centre de masse.

1. Placez-vous perpendiculairement à un mur. Le côté extérieur de votre pied, votre hanche et votre épaule doivent toucher le mur.
2. Maintenant, soulevez votre jambe opposée de façon à vous tenir sur un seul pied.

Alors ? Normalement, cela est impossible à faire. Lorsque nous nous tenons sur une jambe, notre point d'appui est un seul pied. Il nous faut par conséquent décaler une partie de notre corps au-dessus de ce pied, ce que le mur nous empêche de faire. Réessayez sans le mur : vous constaterez qu'il faudra vous ajuster et placer votre centre de masse au-dessus de votre jambe d'appui afin de garder l'équilibre.

Revenons aux *bouénis* mahoraises, qui maîtrisent l'art de maintenir un paquet de briques, un seau d'eau ou une corbeille de fruits en équilibre sur la tête – et qui m'inspirent beaucoup d'admiration ! Le fait de déposer un sac sur leur tête ne désaligne pas le centre de masse ; celui-ci s'élève, simplement, ce qui augmente la précarité de l'équilibre. Mais leur performance ne s'arrête pas là. Elles sont capables de porter jusqu'à 70 % de leur poids de cette façon (soit 50 kg pour une personne de 70 kg) !

D'un point de vue mécanique, un ajout de poids implique une augmentation de la quantité d'énergie nécessaire pour se déplacer. Logique. Mais pas pour elles.

Des chercheurs[3] n'ont trouvé aucune différence de consommation d'énergie lorsque ces femmes portent jusqu'à 20 % de leur poids (soit jusqu'à 14 kg pour 70 kg) par rapport à une marche sans

3. Pour réaliser ces mesures, des sujets marchent sur un tapis roulant à différentes vitesses avec un poids sur la tête. Un masque est placé sur leur visage et enregistre leur consommation d'oxygène qui est en lien direct avec la quantité d'énergie dépensée. Une autre étude n'utilise pas de masque, mais plutôt une plateforme de force pour s'intéresser aux changements de démarche (s'il y en a) des sujets, au fur et à mesure que le poids qu'ils portent augmente.

poids additionnel, alors qu'une personne non habituée consomme bien plus d'énergie à mesure qu'on augmente le poids sur sa tête. Non seulement les *bouénis* arrivent à maintenir un poids important sur leur tête avec une facilité déconcertante, mais elles ont aussi les mains libres et le tout, sans consommation d'énergie supplémentaire. Cette mesure est incroyable et on ne sait comment l'expliquer. Pour l'instant, seules des hypothèses telles qu'une adaptation anatomique ou une « simple » marche plus efficace sont avancées.

Et vous dans tout ça ? Si vous n'avez pas grandi avec cette culture, j'ai bien peur que la seule chose qu'il vous reste à faire soit de répartir dans chacune de vos mains le poids à transporter. Ce n'est pas révolutionnaire, mais c'est encore votre meilleure option pour garder l'équilibre !

Un point d'appui en orbite

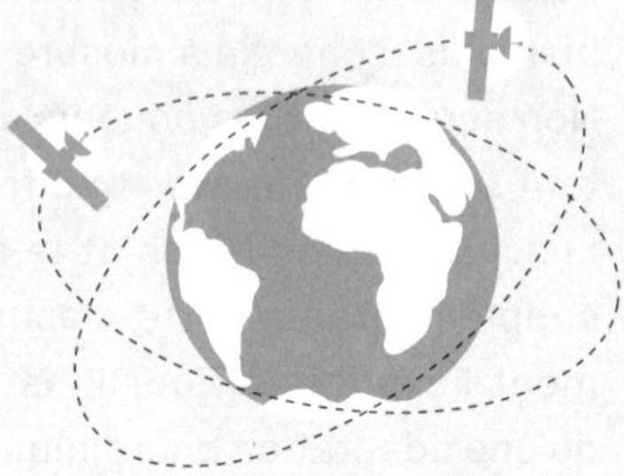

« Faites demi-tour dès que possible », me dit toujours celle que j'appelle « la madame du GPS » chaque fois que je ne suis pas ses instructions sur la route.

Si elle détecte que je « désobéis », c'est parce qu'elle repère, à ma demande, la position dans l'espace du téléphone qui m'accompagne. En permanence, lorsque je lance le mode « navigation », ce petit appareil de communication discute avec un satellite situé en orbite à plusieurs dizaines de kilomètres au-dessus de nos têtes. Le résultat de cette discussion apparaît sous la forme d'un point bleu sur une carte que la madame du GPS utilise pour me guider.

Cela a un petit côté magique de savoir qu'une boîte de conserve dans l'espace est capable de nous suivre à la trace. J'ai d'ailleurs eu l'occasion d'en effleurer la complexité quand je travaillais pour une entreprise développant des antennes de satellite.

Je me souviens d'une de mes premières tâches. « Tu nous enverras le devis masse des antennes », m'avait écrit mon supérieur. Dans le type de devis qu'on me demandait, on ne retrouve aucune estimation de prix, mais plutôt une évaluation... de la masse ! Les satellites ont beau être des bijoux de technologie, eux aussi sont soumis aux principes physiques les plus simples. Le devis masse a pour but de connaître la position du centre de masse[4] des antennes et du satellite, une information qui, nous allons le voir, est cruciale.

Arrêtons-nous un instant sur ces antennes. Celles sur lesquelles je travaillais allaient tapisser le prochain satellite de nos clients. Elles ressemblaient aux paraboles pour capter la télé que nous connaissons, mais avec un brin de complexité additionnelle, si vous me permettez l'euphémisme. De plus, au lieu de s'accrocher à votre balcon, celles-ci sont fixées sur le contour du corps du satellite appelé le BUS (figure 7.3). Habituellement, un satellite accueille plusieurs antennes pointant sur des parties du monde différentes ou qui ont diverses spécialisations (communications GPS, militaires, télévisuelles…). Elles sont souvent différentes, ont besoin d'être installées à des endroits précis et ont des masses variées. Mais ces « détails » étaient déjà réglés quand la demande arrivait dans ma messagerie.

Mon travail était très concret : comment faire tenir ces antennes sur le satellite ? De la même façon que la parabole de votre télé s'attache sur le toit ou sur le balcon, il me fallait concevoir une structure simple et d'installation rapide pour faire tenir ces antennes sur le satellite.

Je vous parle de tout cela, car la position des antennes ainsi que les structures qui les soutiennent modifieront le centre de masse de la même façon que, comme nous l'avons vu dans la section précédente, le port d'un sac à dos modifie notre centre de masse à nous. Tout se joue entre cette position et ses points d'appui qui, pour un satellite en orbite, correspondent à ses

4. En plus des masses, une information importante est également communiquée aux clients : les moments d'inertie. Ces derniers quantifient une sorte de résistance à la rotation qui dépasse le cadre de ce chapitre.

Figure 7.3 Un satellite et ses antennes.

propulseurs. Si ces derniers s'allument et appliquent une force de poussée désalignée du centre de masse, alors le satellite se mettra à tourner sur lui-même.

Cela peut être souhaité et prévu en amont, mais si cela n'est pas contrôlé, rien ne peut arrêter une rotation entamée du satellite (sauf, évidemment, un propulseur produisant une force opposée à la rotation). Une mini-poussée à peine déviée de l'axe du centre de masse peut complètement anéantir la belle trajectoire du satellite et couper les communications que celui-ci assurait avec la Terre. Les ingénieurs ont donc grand besoin de connaître la position du centre de masse pour ajuster l'allumage des propulseurs, déterminer la puissance à utiliser et garantir que le mouvement ainsi créé est celui souhaité[5].

5. Notons que le problème de guider un satellite est plus complexe que celui exposé ici.

La première fois que l'on m'a demandé ce fameux « devis masse », alors que je venais d'arriver dans la compagnie, j'ai dû aller rechercher – honteusement – dans Wikipédia la formule de calcul de position du centre de masse, ne l'ayant pas utilisée depuis des années. J'ignorais tout de la raison pour laquelle ce calcul était nécessaire. Mais à présent, quand je me penche vers l'avant pour porter un sac à dos trop lourd pour moi, je me dis que mon corps fait un travail similaire à celui des propulseurs d'une fusée. Sans prétention aucune, bien entendu.

8

Rien ne se perd,… pas vrai ?

Les empêcheurs de tourner en rond

Avez-vous déjà entendu parler des machines perpétuelles ? Ces machines qui pourraient tourner à l'infini grâce à un ingénieux agencement de billes, de poids ou de poulies (figure 8.1) ? Une de ces machines avait d'ailleurs été proposée lors d'une émission télévisuelle française (*L'inventeur de l'année 2012*). Au moment des castings, le jeune homme se présentant comme l'inventeur était arrivé avec un prototype tout simple : sur une planche de bois, il avait placé deux lignes d'aimants séparés par une gouttière. En plaçant une bille à une extrémité de celle-ci, elle était propulsée grâce à la force magnétique à l'autre bout de la planche où elle s'arrêtait (figure 8.2). L'homme expliquait ensuite que son prochain prototype consisterait à utiliser une planche (ou un autre matériau) circulaire afin que la bille puisse cette fois-ci tourner à l'infini. En attachant la bille à un axe, son système pourrait être utilisé comme moteur de voiture. Il nous fournirait de l'énergie infinie gratuitement, sans consommer la moindre électricité, sans effort et sans polluer. Une révolution !

Le jury chargé d'évaluer les inventions était sous le charme. Chacun des membres garantissait à l'inventeur qu'il allait finir premier de ce concours. Signature d'autographe, émotions, larmes… une émission de télé qui ne laisse pas indifférent !

Mais, étrangement, que ce soit cette invention en particulier ou toutes celles qui pullulent depuis des siècles, aucune d'elle ne finit sur le marché et personne ne les utilise. Leurs inventeurs, et les jurés de l'émission, accusent alors les grandes entreprises comme les constructeurs d'automobiles de refuser la révolution technologique. C'est tentant d'y croire. Et pourtant. Visiblement, aucun des jurés (ni les membres de l'équipe technique, ni ceux de la production et de la diffusion) ne se souvenait d'un des principes de base les plus importants. **Toutes** ces inventions, peu importe la technologie ou la méthode qu'elles utilisent, violent la loi de conservation de l'énergie. **Elles ne pourront jamais fonctionner.**

Figure 8.1 Principe d'un des multiples designs proposés pour une machine à mouvement perpétuel.

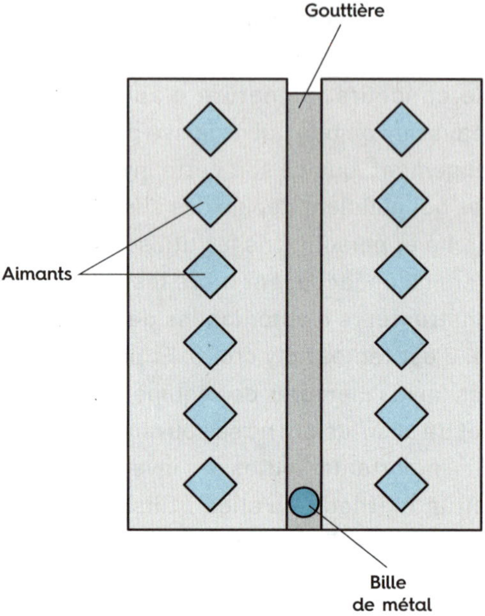

Figure 8.2 Prototype de moteur proposé lors d'une émission télévisuelle.

Cette loi n'est cependant pas neuve. En 1789, en France, devant l'Académie des sciences, Antoine Lavoisier, l'un des pères fondateurs de la chimie moderne, prononçait cette phrase: «***Rien ne se perd, rien ne se crée, tout se transforme***[1].»

1. Il a popularisé cette maxime en 1789 dans son traité de chimie où il écrivait la phrase suivante: «*On voit que, pour arriver à la solution de ces deux questions, il fallait d'abord bien connaître l'analyse et la nature du corps susceptible de fermenter, et les produits de la fermentation; car rien ne se crée, ni dans les opérations de l'art, ni dans celles de la nature, et l'on peut poser en principe que, dans toute opération, il y a une égale quantité de matière avant et après l'opération; que la qualité et la quantité des principes est la même, et qu'il n'y a que des changements, des modifications.*» Mais Lavoisier, ici, réutilise la pensée du philosophe grec Anaxagore (-500 avant J.-C.): «Rien ne naît ni ne périt, mais des choses déjà existantes se combinent, puis se séparent de nouveau.»

Le principe de Lavoisier

En chimie, on voit le principe de Lavoisier à l'œuvre dès lors que l'on étudie des réactions chimiques. On sait que la quantité de produits d'une réaction sera égale à la quantité de réactifs. Par exemple, avec l'équation de la formation de l'acide chlorhydrique, on utilise deux atomes d'hydrogène et deux atomes de chlore. Il nous faut donc exactement la même quantité d'atomes dans les mêmes proportions une fois la réaction réalisée.

$$H_2 + Cl_2 = 2\,HCl$$

Pour avoir autant de produits (HCl = un atome d'hydrogène lié à un atome de chlore) que de réactifs (H_2 + Cl_2 = deux atomes d'hydrogène liés l'un à l'autre et deux atomes de chlore liés l'un à l'autre), il faut ajouter un «2» devant le HCl. C'est en respectant cette règle que nous pouvons écrire toutes nos équations de chimie.

Ce que Lavoisier exprimait est aujourd'hui connu sous une loi plus large : la loi de la conservation de l'énergie. Elle indique que non seulement la masse d'un objet ne peut pas disparaître, mais son énergie non plus. Énergie et masse sont liées, comme vous le savez sans doute, grâce à la fameuse équation d'Einstein, $E = mc^2$, qui montre que de l'énergie (E) peut être convertie en masse (m) et en vitesse de la lumière (c), et inversement.

Par exemple, si vous vous servez une tasse de thé bien chaude, au bout d'un moment, inévitablement, elle va refroidir. L'énergie liée à la chaleur de la tasse n'a pas disparu, elle a réchauffé l'air qui entoure la tasse. Même si on ne s'en rend pas compte, l'énergie ne disparaît jamais, elle se transfère ailleurs (à l'air, ici) ou se convertit en une autre énergie.

Prenons l'exemple du vélo. En pédalant, nous transmettons de l'énergie au vélo pour qu'il avance. Idéalement, on voudrait que toute cette énergie soit utilisée uniquement pour le faire avancer. Si c'était vraiment le cas, on irait à des vitesses folles. Mais observez et écoutez votre vélo, la prochaine fois que vous pédalerez.

Est-ce que la chaîne grince? Si oui, cela signifie qu'une partie de l'énergie de votre pédalage s'est dissipée (sans disparaître) en friction et en énergie sonore pour produire ce bruit. Vos pneus sont-ils dégonflés? Si oui, votre effort physique participe à l'énergie de déformation du pneu. Sont-ils chauds? Surtout si vous avez pédalé longtemps, la réponse est oui, car une partie de votre énergie a été transformée en friction entre la route et la surface du pneu, qui a à son tour produit de la chaleur. Vous sentez du vent sur votre visage? Il va falloir pédaler encore plus pour contrebalancer la friction de cet air qui vous ralentit. Le problème de la résistance du vent est d'ailleurs particulièrement visible lors de courses cyclistes comme le Tour de France. Les participants pédalent en peloton ou en file indienne à des distances rapprochées. Le meneur a l'avantage du choix précis du trajet emprunté et de l'allure de la course, mais il pédale plus fort que les suivants, qui profitent du fait qu'il a déjà poussé l'air pour former son sillon!

En gardant à l'esprit que tout type de son, d'échauffement et de déformation est une perte d'énergie en regard du déplacement, on peut alors tenter de les minimiser. Lubrifier la chaîne, bien gonfler les pneus, changer de type de vélo ou de position pour avoir un meilleur aérodynamisme sont des méthodes qui permettront d'utiliser une plus grande proportion de l'énergie déployée pour atteindre le but premier: avancer! Les gagnants du Tour de France sont donc ceux qui auront le mieux optimisé chaque dépense d'énergie... le tout évidemment couplé à une forme physique exceptionnelle (choisissons de laisser de côté le sujet des « suppléments » nutritionnels discutables...).

Mais revenons à nos fameuses machines perpétuelles. Les inventeurs de ces dernières, refusant encore aujourd'hui en 2018 la dure réalité de la loi de la conservation de l'énergie, sont parfois véritablement persuadés du potentiel de leur machine. Je ne sais pas si c'était le cas dans l'émission de télé, mais j'aime à croire que tous les acteurs de cette supercherie étaient naïfs et non malhonnêtes. On ne sait pas ce qu'il est advenu de cet inventeur, je n'ai pas réussi à visionner l'émission qui a suivi, mais il semblerait qu'il ait été éliminé sans raison apparente. Depuis, aucune nouvelle. Le diffuseur n'a pas non plus daigné préciser qu'il s'agissait en réalité d'une erreur scientifique profonde... laissant des millions de spectateurs dans l'ignorance, probablement persuadés de l'intervention d'un lobby.

Pour prouver que cette machine est impossible, j'ai moi-même fabriqué le prototype qu'il proposait. À plat comme lui, puis en demi-cercle, puis un cercle complet (figure 8.3). Mon prototype à plat et celui en demi-cercle fonctionnaient aussi bien que le sien. Dès lors que j'ai posé la bille dans la version circulaire, la bille ne s'est même pas déplacée d'un millimètre[2]. Ce n'est pas pour rien que l'inventeur ne s'est pas présenté avec la version circulaire de son prototype. Cela. Ne. Fonctionne. Pas. Cela dit, je dois avouer que j'espérais que la bille réalise au moins quelques tours.

2. J'ai donné une conférence à ce sujet montrant mes différents prototypes et pourquoi cela fonctionne à plat, mais pas en cercle. Pour faire court, tout repose sur le fait que la bille n'est pas attirée par la présence de magnétisme, mais par le fait que l'amplitude de ce magnétisme varie dans l'espace (soit de plus en plus fort entre un point A et un point B). Avec un cercle, il n'y avait plus de variation de champ magnétique, tout était devenu uniforme et ne pouvait donc plus bouger. Cette conférence peut être visionnée sur Internet à l'adresse suivante : https://youtu.be/Ky4fU2M7o8o ou bien tapez « scilabus PAF energie ».

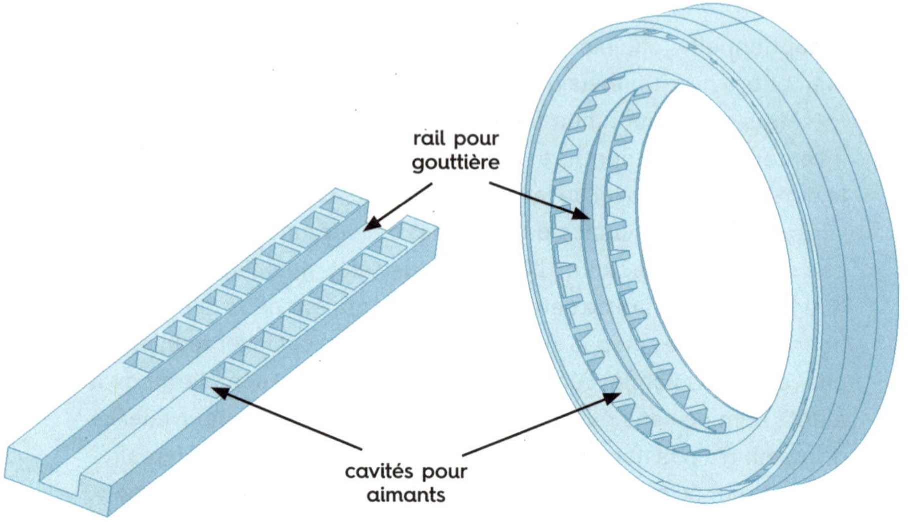

Figure 8.3 Plans des prototypes utilisés pour reproduire la proposition de l'inventeur.

Cette conception ne fonctionne pas du tout, mais d'autres machines sont capables de tourner très longtemps (notamment grâce à des lubrifiants exceptionnels ou en étant sous vide). Cette rotation ne contrevient d'ailleurs pas à la loi de la conservation de l'énergie. Ce qui pose problème, c'est le fait de vouloir en extraire de l'énergie de façon infinie. Si l'objet tourne, il faut bien comprendre que cette rotation n'est pas apparue d'elle-même. Pour passer de l'immobilité à la mobilité, l'inventeur a dû apporter de l'énergie en l'actionnant de façon quelconque : pousser, tirer, peu importe. Tant que cette énergie de départ ne se convertit pas en friction ou en frottement de l'air, par exemple, la machine pourra continuer à tourner. D'ailleurs, toutes les machines (les vraies, celles qui fonctionnent réellement avec un apport énergétique), surtout à l'échelle industrielle, sont conçues et entretenues avec des lubrifiants, notamment afin de minimiser ces pertes d'énergie. Qu'il s'agisse d'inventeurs aux idées farfelues ou d'industriels, de ce point de vue, leur objectif de réduction des frictions est le même.

Là où le bât blesse est lorsque l'on tente d'extraire de l'énergie de machines perpétuelles. Si de l'énergie est prélevée, cela signifie que l'on enlève de l'énergie pour la rotation et la machine ralentira jusqu'à l'arrêt complet. Ainsi, en connectant ces machines sur les roues d'une voiture, la machine dite à mouvement perpétuel, même mise en marche par une énorme quantité d'énergie, ne ferait avancer la voiture que l'espace d'un minuscule instant – et sans doute de façon imperceptible. Ce déplacement se traduirait par une dissipation d'énergie en friction, ralentissant le mouvement de la machine jusqu'à son arrêt complet. L'énergie de mouvement, elle-même issue de l'énergie de démarrage de la machine, serait rapidement épuisée. Pour continuer à faire fonctionner la voiture, il faudrait apporter de nouveau de l'énergie dans le système en actionnant encore une fois la machine, ce qui reviendrait à construire un moteur comme nous les connaissons aujourd'hui : avec du carburant pour alimenter la machine en énergie ! C'est pour cette raison qu'on ne les trouve nulle part, alors qu'on nous les promet depuis des siècles. Cela ne marche pas.

Vous ne le voyez pas, mais il est partout

(Nous allons parler d'atomes, protons, électrons, neutrons... Si ces notions ne sont pas claires pour vous, je vous conseille de lire les encadrés du chapitre 2 avant de lire celui-ci.)

La radioactivité effraie et, pourtant, nous sommes traversés de rayonnements radioactifs naturels, partout, tout le temps. Ils viennent de l'espace, de notre environnement et nous mangeons même des aliments contenant de la radioactivité. Et si nous en avalons... cela signifie que nous devenons, nous-mêmes, radioactifs. Nous nous servons même de cette radioactivité naturelle comme d'un outil lorsque nous souhaitons dater des organismes grâce au carbone 14.

Cette radioactivité-là est tellement faible qu'elle ne nous est pas néfaste. C'est le fait d'intensifier radicalement l'exposition à ces rayonnements qui peut poser de graves dangers... comme l'ont appris à leurs dépens les habitants de Tchernobyl, entre autres malheureuses victimes. Si la radioactivité revêt encore beaucoup de mystères, son étude par les physiciens des particules a été l'occasion de se familiariser avec une nouvelle particule élémentaire, la plus courante de notre univers : le ***neutrino***. Plusieurs dizaines de milliards d'entre eux traversent chaque centimètre carré de notre corps chaque seconde sans que nous nous en rendions compte. Il faut dire que ce sont des sous-produits de réactions nucléaires... comme celles qui ont lieu en permanence au sein de notre soleil (notre source de neutrinos principale), d'autres étoiles, ainsi que quelques endroits sur Terre avec nos accélérateurs de particules, centrales nucléaires, etc.

Les premiers pas vers la découverte du neutrino sont faits en 1896 quand Henri Becquerel découvre l'*hyperphosphorescence,* rebaptisée depuis « radioactivité » par Marie Curie. Ce processus naturel amène un atome à se *désintégrer*. Lorsque le noyau perd ou gagne un proton, il devient un autre élément (la fameuse transmutation dont nous parlons au chapitre 2). Ce changement se produit simultanément avec une émission de particules et d'énergie appelée le *rayonnement radioactif*. Vous l'aurez compris, tout se passe dans le noyau de l'élément, là où les neutrons et les protons s'acoquinent.

Dans les décennies qui ont suivi la première mise en évidence de la radioactivité, les physiciens, affairés à l'étudier, se sont rendu compte d'une anomalie : il manque de l'énergie ! Illustrons ce problème avec l'exemple de la désintégration du carbone en azote à l'origine de la datation au carbone 14. On trouve cet isotope instable du carbone chez tous les êtres vivants. Mais une fois que l'organisme décède, plus aucun échange de carbone 14 ne peut se faire à l'extérieur et celui-ci est emprisonné. Or, ce carbone se désintégrera tout de même naturellement en azote, sur de très longues périodes et selon une courbe prédictible. Il « suffit » alors de mesurer la quantité de carbone 14 restant dans le fossile afin de remonter à l'âge de sa mort.

Lors de sa désintégration, le noyau de carbone gagne un proton, le faisant devenir de l'azote (équation en page suivante). Ce nouveau proton ne sort pas de nulle part... c'est en réalité un de ses neutrons, déjà présent dans le noyau, qui s'est transformé en un proton et un électron ! Avant la découverte du neutrino, les physiciens écrivaient l'équation représentant la désintégration du carbone qu'ils pensaient vraie[3].

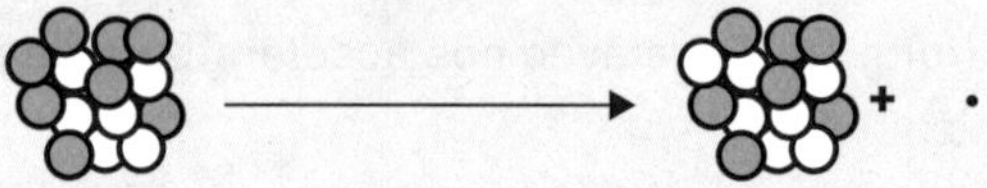

$$^{14}_{6}C \longrightarrow ^{14}_{7}N + e^{-}$$

Figure 8.4 Transformation du carbone (C) en azote (N) et un électron. Le chiffre indiqué en bas à gauche correspond au nombre de protons dans le noyau, tandis que le nombre en haut à gauche indique le nombre de nucléons (neutrons + protons) dans le noyau.

C'est là que se cache l'anomalie. Pour respecter la loi, il faut qu'il y ait autant d'énergie du côté du carbone avant sa désintégration qu'une fois qu'il est transformé en azote et en électron. Lorsque les physiciens ont vérifié si cette équation respectait la loi de conservation de l'énergie... plus rien ne fonctionnait. J'ignore comment ils ont réagi à cette anomalie, mais je m'imagine à leur place, face à ce que cela pourrait représenter. Car ce déséquilibre d'énergie ne peut s'expliquer que de trois façons :

- soit l'équation est incomplète, ce qui signifie qu'il manque sans doute une particule à découvrir (l'excitation suprême !)
- soit ils viennent de découvrir une exception à la loi de la conservation de l'énergie et tout ce que nous comprenons de la physique est remis en question (une excitation stressante !)

3. Notons que, pour des fins de simplification, nous prenons le cas d'un seul type de radioactivité : la désintégration dite β^{-}.

- soit il s'agit d'une erreur de calcul ou de mesure (un stress beaucoup moins excitant).

La première option se révélera la bonne et mènera à la découverte du neutrino.

Mais avant d'aller plus loin, intéressons-nous à la façon dont ils parviennent à savoir que l'énergie est différente d'un côté de l'équation et de l'autre. Comment calculent-ils ces énergies ?

Pour le comprendre, il faut savoir que l'énergie existe sous deux grandes catégories : la masse[4] et la vitesse. Nous avons rappelé précédemment la célèbre équation d'Einstein, $E = mc^2$, où *E* est l'énergie, *m* la masse et *c* la vitesse de la lumière. Cependant, que se passe-t-il pour les particules sans masse, comme les photons de la lumière ? Si l'on remplace la masse par 0, l'énergie devient nulle ! $E = 0 \times c^2 = 0$. Où serait passée l'énergie du photon ?

En réalité, la version de l'équation d'Einstein que l'on nous montre partout est incomplète. Nous n'en avons appris que la moitié, celle qui concerne les objets au repos, sans mouvement, simplement parce que nous avons moins souvent besoin d'exprimer l'énergie liée à l'autre moitié de l'équation. Cette dernière concerne les objets en mouvement puisque, nous l'avons dit, la vitesse est aussi une forme d'énergie. Voici donc l'équation complète telle qu'Einstein l'avait pensée dans la relativité restreinte :

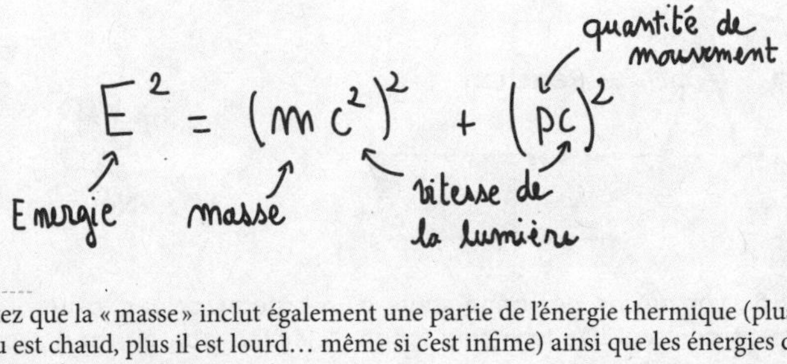

4. Notez que la « masse » inclut également une partie de l'énergie thermique (plus un matériau est chaud, plus il est lourd… même si c'est infime) ainsi que les énergies de liaisons entre les protons, neutrons, etc.

Le premier terme est celui que nous connaissons, exprimant l'énergie liée à la masse. Le second prend en compte l'énergie liée à son mouvement (avec *p* représentant ce que l'on appelle la quantité de mouvement et *c* la vitesse de la lumière). Cette équation, complète, rassemble les deux grandes catégories d'énergie.

Si nous revenons à notre équation, nous pouvons facilement compter l'énergie liée à la masse du carbone et celle liée à l'azote et à l'électron... et il nous faut maintenant considérer les vitesses ! Notamment, lorsque l'électron est éjecté du noyau, un mouvement que nous connaissons bien se produit. Imaginez que vous plongiez dans la rivière depuis un canot. En sautant, non seulement vous allez avoir un mouvement vers l'avant, mais le canot, en réaction, aura un mouvement de recul vers l'arrière (figure 8.5). Il se produit la même chose pour l'électron et le noyau. En s'éjectant, non seulement l'électron possède une certaine énergie liée à sa vitesse, mais le noyau, tel notre canot, démontre un mouvement de recul. Ces vitesses sont donc à prendre en compte lors du calcul total. Une fois toutes ces énergies comptabilisées, et lors de la comparaison, le carbone (à gauche) avait plus d'énergie que l'azote et l'électron (à droite). Un peu comme si deux plongeurs avaient sauté du canot, mais que nous n'en connaissions qu'un seul, l'électron.

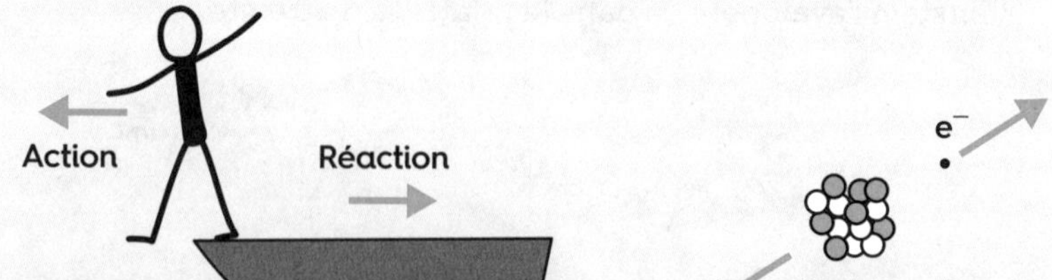

Figure 8.5 **Lorsqu'une personne saute d'un bateau, celui-ci a un mouvement de recul. De la même façon, l'éjection d'un électron provoque un déplacement du noyau en réaction.**

Où serait ce prétendu plongeur supplémentaire? Où cette énergie a-t-elle disparu? En se basant sur la loi de la conservation, les physiciens savaient qu'il manquait forcément *quelque chose* dans cette équation. Une énergie? Une particule? Et si oui, laquelle? Ce *quelque chose*, même si on ne savait pas encore ce que c'était en 1930, le physicien autrichien Wolfgang Pauli se charge de le nommer: le neutrino. Cela ne s'arrête pas là. Comme toute particule, la théorisation de l'existence du neutrino s'accompagnait aussi de l'existence de son antiparticule[5]: ***l'antineutrino,*** une sorte d'image miroir du neutrino. Ainsi, un certain type de désintégration donnerait lieu à un neutrino, tandis qu'une autre donnerait lieu à l'antineutrino. Alors même que l'on n'avait pas encore prouvé l'existence de ces nouvelles particules, les théoriciens écrivaient déjà la nouvelle équation de désintégration du carbone au profit de celle présentée ci-après qui prenait en compte ce mystérieux «quelque chose»:

$$^{14}_{6}C \longrightarrow {}^{14}_{7}N + e^{-} + \bar{\nu}_{e}$$

Équation complète de la désintégration du carbone.

L'équation est la même que précédemment, mais un dernier terme s'ajoute: l'*antineutrino*[6].

Il y avait donc bien une sorte de plongeur manquant dans l'équation de désintégration! Si le neutrino et son antiparticule

5. Toutes les particules que nous connaissons (l'électron, le proton…) ont un exact opposé (le positron, l'antiproton…). Lorsqu'elles se rencontrent, une particule et son antiparticule s'annihilent l'une l'autre en émettant de la lumière (un photon).

6. Si nous avions pris l'exemple d'un autre type de désintégration, nous aurions pu avoir un *neutrino* au lieu d'un *antineutrino*.

ont été théorisés bien avant d'être détectés, cela est parce que leur détection n'a pas été et n'est toujours pas aisée. Le neutrino est extrêmement léger, n'a aucune charge électrique, se déplace à des vitesses folles... bref, il n'interagit avec rien ou presque, faisant de sa détection un casse-tête[7].

Ainsi, la loi de la conservation de l'énergie a mis la puce à l'oreille de ces physiciens de l'infiniment petit, leur permettant de théoriser l'existence d'une particule toujours un peu mystérieuse et qui se révèle être la plus abondante de tout notre univers !

7. Pour le détecter, la méthode actuelle consiste à repérer un flash de lumière créé par leur passage, grâce à des capteurs tapissant une énorme piscine souterraine à plusieurs centaines de mètres de profondeur pour éviter toute influence de rayons cosmiques, par exemple.

9

Propager ou ne pas propager la chaleur

Qui cuit un œuf cuit un bœuf, mais différemment

Nous avons tous la possibilité d'être des expérimentateurs. Il suffit de pénétrer avec un esprit ouvert dans notre laboratoire résidentiel qu'est la cuisine pour y découvrir de la chimie, des mathématiques (voir chapitre 6) ou encore, comme c'est de cas dans ce chapitre, de la physique. Nous allons aborder les échanges de chaleur et d'ici la fin de cette section, vous devriez cuisiner différemment.

La température

Elle a beau être une notion que l'on manipule quotidiennement, on oublie souvent que la température, à l'échelle microscopique, correspond à la mesure de la mobilité des molécules. Plus celles-ci bougent vite, plus la température de l'objet est élevée et moins elles s'agitent, plus la température est basse.

Commençons avec un exemple simple résidant dans le choix du matériau d'un bol pour refroidir une préparation, comme du quinoa ou du riz que vous venez de cuire et que vous voudriez utiliser en salade. Si vous choisissez un bol en métal plutôt qu'en plastique ou en céramique, le métal conduira beaucoup mieux la chaleur vers l'extérieur comparé au plastique... refroidissant plus rapidement votre préparation. Le pique-nique vient d'être avancé d'une heure grâce à cette propriété du métal qu'est la conductivité thermique.

La conductivité thermique

La facilité avec laquelle un matériau transmet un changement de température correspond à sa conductivité thermique. Pour la comprendre, il faut zoomer sur le matériau jusqu'à atteindre l'échelle des atomes. Ceux-ci, dans un solide, sont reliés les uns aux autres par des liaisons moléculaires. Ensemble, ils forment ce que l'on appelle un réseau cristallin. Lorsque le matériau chauffe, les atomes de ce réseau se mettent à vibrer autour de leur position d'équilibre. Et de proche en proche, la vibration des atomes se transmet dans tout le matériau. Plus ces vibrations se propagent facilement, plus la conductivité thermique est élevée.

Dans une plaque de verre, les atomes sont attachés entre eux, mais arrangés un peu n'importe comment (c'est une structure dite amorphe). Le verre sera alors moins conducteur qu'une plaque de fer où les atomes sont attachés en formant un motif qui se répète, plus propice à la propagation des vibrations.

Je suis toujours en admiration devant ce genre de solutions simples et élégantes. Les poêles de cuisson en sont d'ailleurs une parfaite représentation. Sous leur apparente simplicité, elles jouent le rôle d'intermédiaire entre la source de chaleur et l'aliment et, selon sa conception, la cuisson en sera complètement changée. Prenons l'exemple de la cuisson d'un œuf sur le plat ou œuf miroir (mon plat préféré). Les atomes de la poêle chaude vibrent rapidement. Ces vibrations se transmettent de proche en proche depuis la surface de contact avec la plaque électrique (ou la plaque à induction ou le feu…) jusqu'à atteindre l'œuf encore froid et dont les molécules ne sont pas encore aussi mobiles. Au contact des unes avec les autres, les molécules de l'œuf acquièrent de l'énergie, vibrent, et l'œuf commence à cuire.

Mais quel serait le matériau de la poêle permettant le meilleur transfert de chaleur? Fonte, acier, aluminium ou cuivre? Les paris sont ouverts.

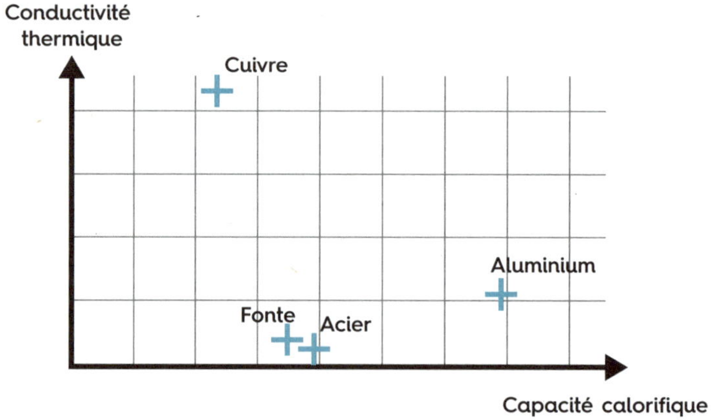

Figure 9.1 Propriétés thermiques de quatre matériaux classiques de poêle. Notez que les matériaux listés ici possèdent souvent un revêtement supplémentaire (et souvent antiadhésif) qui n'est pas pris en compte ici.

Si l'objectif est la **répartition uniforme de la chaleur** sur toute la surface de la poêle, le paramètre important est la **conductivité thermique**.

Parmi les matériaux listés, le graphe de la figure 9.1 montre que le cuivre a la meilleure conductivité et l'acier, la pire… talonné de près par la fonte.

L'importance du matériau s'accentue si vous cuisinez au gaz, car les flammes forment un cercle très localisé. Avec une poêle en acier ou en fonte, le centre restera plus froid que le cercle externe situé exactement au-dessus des flammes (comparé à la poêle en cuivre et pendant une durée de chauffe équivalente). Un œuf dont le blanc est cuit et le jaune encore froid est un œuf qui ne peut pas se déguster correctement. J'espère que vous saisissez la gravité de la chose. Et ce, simplement parce que la conduction ne se fait pas bien sur toute la surface de la poêle. Préférez une poêle en cuivre ou en aluminium pour des cuissons plus uniformes, particulièrement pour des cuisinières au gaz !

Tous les aliments n'ont pas les mêmes besoins de cuisson. Pour notre exemple du délicieux œuf, l'uniformité de la cuisson prévalait, mais pour saisir une viande, l'importance de la **capacité calorifique** supplante celle de la conductivité.

La capacité calorifique

L'inertie thermique ou la capacité calorifique massique correspond à la quantité de chaleur ou d'énergie qu'il faut donner au matériau pour élever sa température de 1 °C pour un kilogramme de matière. En conséquence, si la matière a mis du temps à chauffer, elle mettra aussi du temps à se refroidir.

Lorsqu'une pièce de viande épaisse encore froide est déposée sur une poêle bien chaude en aluminium, la viande absorbera une grande partie de la chaleur de la poêle en raison de sa grande conductivité. La poêle d'aluminium nécessitant peu d'énergie pour être chauffée, elle perdra sa chaleur accumulée et il faudra attendre qu'elle se réchauffe à nouveau. Au lieu de saisir la viande, elle la cuira à feu doux ! Pour réellement saisir l'aliment, il faut une poêle chaude qui **reste** chaude, même lorsque la viande y est déposée. Pour cela, elle doit emmagasiner plus de chaleur que la viande ne va lui en prendre. Il n'est alors plus question de conduction thermique, mais de capacité calorifique. Plus le matériau possède une capacité élevée, plus il sera long à chauffer, puisque cela nécessite beaucoup d'énergie pour agiter ses molécules. Mais l'énergie emmagasinée est si grande que, quand le steak froid est déposé dans la poêle chaude... elle le reste !

Le graphe de la figure 9.1 rassemble les informations de conductivité et de capacité calorifique pour les matériaux de poêle les plus courants. Si vous avez déjà cuisiné avec de la fonte, il y a sans doute un détail qui vous saute aux yeux. Ce matériau, très long à chauffer et qui saisit si bien la viande, a une capacité calorifique faible devant l'aluminium. Ce qui devrait être l'inverse, d'après notre expérience en cuisine et ce que l'on vient d'expliquer. Il y a une information qui nous manque ici. La capacité calorifique est *massique*. Cela veut dire que cette grandeur physique[1] est donnée pour un kilogramme d'aluminium ou de fonte. Donc le graphe compare des poêles de masses équivalentes... Ce qui n'arrive jamais. Il me faut en général mes deux mains pour manipuler une poêle en fonte. Celle-ci fait plusieurs fois la masse de celles en

1. L'unité de la capacité calorifique massique est le J. kg^{-1}. K^{-1}, avec J correspondant aux Joules, l'unité de l'énergie, kg correspondant à la masse et K correspondant aux Kelvin, l'unité internationale de la température. Il existe aussi la capacité calorifique volumique qui tient compte du volume d'une casserole plutôt que de son poids.

aluminium que l'on peut nonchalamment manier d'une main ! C'est ce qui fausse toute notre perception de ce graphe. Pour savoir si la poêle qui nous intéresse est adaptée pour la tâche, il faut multiplier sa capacité calorifique avec sa masse. Ainsi, la capacité calorifique d'une poêle en aluminium légère demeure bien en deçà de celle de la fonte. Tout rentre dans l'ordre !

Si vous avez le luxe de pouvoir choisir le matériau de votre casserole ou de votre poêle quand vous cuisinez, pensez à la conductivité, à la capacité calorifique et à la masse. Et pour faire bouillir ou cuire à la vapeur ? Peu importe. Cette fois-ci, la cuisson se fait essentiellement grâce à l'eau et le matériau de la casserole n'aura que peu d'importance.

Le nano-piège à air

Je me souviens de la première fois que j'ai vu l'isolation thermique de ma maison d'enfance. Mon père avait sorti son échelle pour aller dans le grenier, sans doute dans le but de réparer le toit ou de tirer des câbles électriques. Je l'avais accompagné, alors que j'étais petite, et j'avais appris, à mes dépens, ce qu'était la laine de verre (ou laine minérale) qui tapissait le sol. Même si sa texture ressemble davantage à une peluche qu'à un matériau de construction, ce matériau contient, comme son nom l'indique, de minuscules morceaux de verre très irritants. Il était essentiel à l'isolation thermique et tout à fait inoffensif, à moins d'y toucher. Mais pour une enfant, c'était trop tentant !

Comme nous vivions dans le sud ensoleillé de la France, notre isolation n'avait pas besoin d'être particulièrement performante et cette laine nous suffisait amplement. Mais tout le monde ne se réveille pas avec le chant des cigales et les courants d'air frais marin. Dans des régions plus fraîches, la qualité de l'isolation préoccupe autant économiquement qu'environnementalement.

Pour qu'elle soit le plus performante possible, l'isolation doit :

- utiliser des matériaux d'isolation conduisant mal la chaleur (autrement dit avec une conductivité thermique faible)
- et/ou augmenter l'épaisseur d'isolation.

Dans les villes les plus denses où le mètre carré se vend à prix d'or, les habitants rechignent à augmenter l'épaisseur des murs, et cela se comprend. J'ai souvent eu l'occasion de me rendre dans une maison magnifique datant du 16e ou 17e siècle. Mis à part le fait que la population devait être plus petite à l'époque (je ne passe pas dans les cadres de porte), elle a été construite bien avant l'avènement des matériaux d'isolation, comme ses murs en témoignent : ils s'étendent sur plus de 80 cm d'épaisseur. Efficacité garantie ! À l'intérieur, la température ne semble jamais changer, hiver comme été. Cela a beau fonctionner, ces épaisseurs sont inenvisageables dans nos villes modernes. L'innovation se concentre surtout sur la conception d'un matériau à faible conductivité thermique… avec l'éternelle contrainte d'être économiquement viable pour le particulier.

Dans la catégorie « économique », l'isolant qui remporte la mise, c'est l'air. Il est gratuit, facile à récolter, mais volatile. Il faut arriver à le confiner dans une paroi et ce n'est qu'une fois immobile qu'il démontre ses propriétés isolantes. C'est d'ailleurs le principe même d'une bouteille thermos !

Lorsqu'un côté de l'isolation est plus chaud qu'un autre, un mouvement de convection de l'air se met en place. Dans le langage courant, on traduit souvent le phénomène de convection comme le fait que « l'air chaud monte et l'air froid descend ». Il y a donc un mouvement d'air qui échange de la chaleur entre « le haut » et « le bas » (ou du moins d'un endroit à l'autre). Pour isoler, la conduction *et* la convection thermique doivent être minimales. Notons que les deux matériaux les plus courants (la laine de verre ou le polystyrène expansé) ne sont pas isolants grâce aux fibres elles-mêmes, mais plutôt grâce aux molécules d'air qu'elles piègent. Leurs cavités sont si petites que les mouvements de convection des particules sont « cassés », entravant le transfert de chaleur. Si, lorsque vous portez un habit de laine, vous avez plus chaud qu'avec du coton ou du synthétique, c'est parce que les fibres de la laine possèdent une meilleure capacité d'emprisonnement de l'air.

Arrêtons-nous un instant sur la façon dont un gaz conduit la chaleur. Lorsque ce dernier est coincé dans une cloison, ses particules[2] s'entrechoquent entre elles, mais aussi avec les parois. C'est une immense partie de billard où chacune des particules du gaz se représente par une boule et les parois correspondent aux contours de la table. Plus une particule se déplace vite, plus elle est porteuse d'énergie... qu'elle pourra transmettre lors d'une collision avec une comparse en transférant une partie de sa vitesse. Leur énergie de vitesse (énergie cinétique de son petit nom) se convertit partiellement en énergie thermique (chaleur) lors de la collision des particules avec les parois qui « amortissent » le choc. Ainsi, la chaleur se propage avec le déplacement et grâce aux collisions entre les particules et contre les parois.

Bloquer les particules dans les fibres de verre vise à les empêcher de se déplacer et de transmettre leur énergie. Et cela fonctionne, mais sans faire de miracles pour autant. On veut faire mieux.

Si ce sont les collisions des particules de l'air qui posent problème, alors il suffirait de les enlever. De faire le vide. Moins de particules, moins de collisions, moins de transmission de chaleur. Logique ! Au fur et à mesure que l'on pompe l'air en dehors de la

2. Le terme « particule » est un terme général permettant de faire référence à des molécules, des atomes ou des ions.

paroi, le nombre de particules et de collisions diminue et on s'attendrait à ce que la conductivité thermique baisse.

Raté.

La conductivité, représentant la qualité de l'isolation, ne change quasiment pas. Ce n'est qu'à partir de niveaux de vide vraiment élevés (0,1 mbar) et difficiles à atteindre qu'une baisse de la conductivité apparaît enfin ! Ce phénomène physique contre-intuitif s'appelle l'effet Knudsen[3].

Le retrait de toutes ces particules porteuses de chaleur, étonnamment, est compensé par un autre phénomène. En plus du nombre de collisions, la distance qu'une particule de gaz parcourt est primordiale. Plus elle se déplace sur une grande distance[4], plus son transport d'énergie sera efficace. En enlevant des particules, on réduit certes le nombre de porteurs de chaleur, mais on allonge la distance de parcours entre les collisions. Les deux effets se compensent ! Si l'on retourne à notre table de billard, il est vrai qu'on pourra observer de plus grands déplacements en ayant quelques boules sur la table qu'en la remplissant au maximum de sa capacité...

Le vide n'est pas une option formidable pour l'isolation. Non seulement cela est techniquement difficile à produire, coûteux et avec une durée de vie limitée[5] mais, de surcroît, une cloison sous vide ne peut pas être percée, trouée ou découpée. Ce qui devient rapidement problématique dans le milieu de la construction !

Au lieu d'utiliser le vide, le double vitrage repose sur l'utilisation d'un gaz plus lourd (de l'argon souvent) conduisant moins bien la chaleur que l'air. Mais le problème reste le même... aucun trou, aucune coupe... Que faire avec nos cloisons ?

---

3. Nommé en l'honneur d'un physicien danois du 20e siècle
4. Que l'on appelle le *libre parcours moyen*.
5. Le vide peut être « perdu » au fil du temps, car certains gaz se diffusent à travers les parois.

Un secteur actif en recherche sur l'isolation est le développement des *nanomousses*. Ne faites pas la même erreur que moi en vous imaginant une mousse au chocolat particulièrement fine qui serait exceptionnellement délicieuse. Cela n'a rien à voir. Les nanomousses existent sous plusieurs formes, mais les plus étudiées sont les *aérogels de silice*. Ils sont fabriqués à partir de minuscules billes de silice[6], un matériau très dur, projetées les unes sur les autres. Une fois en contact, elles se collent et forment un collier de perles tridimensionnel. Ainsi, elles créent des cavités destinées à emprisonner des particules d'air... exactement comme le ferait la laine de verre. Mais alors ?

C'est la taille des cavités qui diffère. Elles auraient une taille de l'ordre de 70 nanomètres (soit 0,000000007 m, environ 1000 fois plus petites que celles de la laine de verre). Or, il se trouve que, statistiquement, les particules d'air entrent en contact les unes avec les autres après avoir parcouru environ 100 nanomètres. En imposant des cavités de tailles inférieures, les particules auront plus de probabilité de se heurter à la paroi qu'avec une de leurs acolytes. Le choc molécule/paroi étant plus « doux » (on dit qu'il est *élastique*) que le choc molécule/molécule, la chaleur se transmet moins bien. De plus, une fois emprisonnées dans leurs cavités, les particules finiront par ralentir au fil de leurs collisions avec les parois, les rendant presque immobiles et augmentant l'isolation.

On estime que ce matériau est deux fois plus performant que nos meilleurs isolants actuels. Mais la question du prix et de la simplicité de fabrication vient limiter une commercialisation pour le grand public. Pour l'instant, ce matériau s'exploite essentiellement dans l'industrie spatiale pour capter des poussières interstellaires ou de comètes (c'est dire sa grande accessibilité). La

6. De 1 à 2 nanomètres de diamètre soit 0,0000000001 m.

mousse (figure 9.2) permet de ralentir la vitesse d'impact avec les poussières afin de les garder intactes pour de futures analyses.

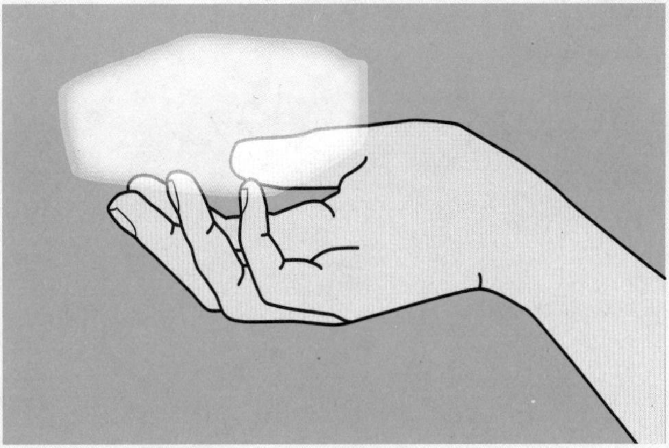

Figure 9.2 Exemple de nanomousse

Même si, pour l'instant, aucune nanomousse n'est envisagée pour les bâtiments, je dois avouer que la perspective de les avoir dans les parois de ma maison ou dans mon grenier me semble autrement plus excitante que la vieille et irritante laine de verre. Quoique, en matière de perspective excitante, je préfère encore une nanomousse au chocolat...

10

Trouver la solution : acide, neutre ou basique ?

Quand éthique et papilles s'accordent

Il y a des viandes comme cela, peu importe l'énergie que l'on met à tenter de la mâcher, elle ne semble jamais se réduire en miettes. L'impression de mastiquer de la semelle gâche tout le plaisir. Cette texture désagréable n'est pas forcément le fait du cuisinier ou de la cuisinière ayant trop forcé sur la cuisson, mais peut-être simplement de la qualité de la viande elle-même.

Les viandes que l'on considère de mauvaise qualité se rangent dans une de ces deux grandes classes de viandes principales :

1. les viandes dites à coupe sombre qui, lorsque crues, ont une couleur foncée, sont sèches et dures
2. les viandes dites exsudatives qui, lorsque crues, sont plutôt pâles, molles et perdent leur eau.

A contrario, la viande crue dite normale, elle, est décrite comme rouge, ferme et non exsudative.

Pour comprendre d'où ces différences proviennent, il va falloir faire le lien, désagréable mais nécessaire, entre la qualité de vie des animaux, leur abattage et leur conditionnement subséquent avec la chimie interne que cela implique ; ou, pour adoucir le propos en parlant latin, nous devrons relier l'*ante mortem* au *post mortem*. Finement contrôlé et exploité, et avec un manque d'élégance certain, ce savoir a été développé… pour le plaisir de nos papilles.

Afin de comprendre comment l'*ante mortem* influence le *post mortem*, il nous faut étudier la chimie d'un muscle une fois que l'animal a cessé de respirer. L'arrêt de la respiration et de la circulation sanguine provoque, sans surprise, des modifications importantes dans les processus biochimiques qui avaient normalement lieu à l'intérieur du muscle. Quand le muscle était encore actif, il exhibait un pH neutre ; mais lorsqu'il cesse d'être alimenté en oxygène et en nutriments, il s'acidifie en quelques heures jusqu'à un pH acide[1] ultime atteint lorsque les réserves de glycogène (les réserves d'énergie du muscle) sont entièrement transformées en acide lactique.

Le pH

Le pH correspond à une mesure de l'acidité (ou de basicité) d'une solution. Dans nos usages les plus courants[2], l'échelle de pH commence à 0 et finit à 14. Au milieu, à 7, le pH est neutre. Tout ce qui est en dessous de cette valeur est acide et tout ce qui est au-dessus est basique.

À l'échelle moléculaire, le pH est une mesure de la concentration d'ions H_3O^+ (ou H^+) présents. Mathématiquement, cela se traduit par la formule suivante :

$$pH = -\log [H_3O^+]$$

Il faut noter qu'entre une valeur de pH et une autre (de 4 à 3, par exemple), il y a 10 fois plus d'ions H_3O^+.

1. D'environ 5,4, si on généralise à toutes les espèces.
2. Il existe des pH négatifs et des pH au-delà de 14.

Ce pH est très important. Sa valeur ultime ainsi que la vitesse à laquelle elle est atteinte déterminent la qualité d'une viande. Dans le cas des viandes à coupe sombre, leur pH ne descend pas aussi bas qu'il le faudrait et elles se conserveront mal. Pour les viandes exsudatives, leur pH descend beaucoup plus rapidement qu'il ne le faudrait ; ces viandes crues rendent de l'eau et deviendront dures à la cuisson.

Parmi les facteurs qui influencent la baisse du pH *post mortem*, les minutes qui précèdent l'abattage sont déterminantes. Si la situation est stressante, le rythme cardiaque ainsi que tout le métabolisme musculaire de l'animal s'élèveront et cette activité métabolique accrue perdurera *post mortem* amenant à une acidification beaucoup plus rapide que souhaité... et ce, même si l'animal a eu une belle qualité de vie à la ferme, la viande pourra présenter des propriétés exsudatives. Si cela peut affecter de nombreuses espèces, les porcs et la volaille sont les plus propices à produire ce type de viande.

Si au contraire les animaux sont stressés bien avant l'abattage, ceux-ci, épuisés, passeront l'arme à gauche alors que leurs réserves d'énergie (le glycogène) sont au plus bas. Rappelez-vous, le glycogène est l'acteur principal de l'acidification du muscle et lorsqu'il est épuisé, l'acidification s'arrête. Ainsi, le pH ultime ne sera pas aussi acide qu'attendu et la viande sera d'une couleur plus sombre.

Au-delà de la recherche du bien-être animal pour des raisons éthiques, sachez que vos papilles vous seront reconnaissantes de favoriser les mets carnés issus d'animaux traités « humainement ».

Toutes les espèces n'ont évidemment pas la même sensibilité au stress et, au sein des espèces, la génétique des animaux y ajoute son grain de sel. Par exemple, les porcs porteurs du gène dit halothane sont atteints du « syndrome de stress du porc » impliquant une production d'acide lactique anormalement élevée *post mortem*.

Toutefois, de nombreux autres facteurs biochimiques expliquent les raisons de la présence de ces deux catégories de viande de moindre qualité, mais ce que les chercheurs mettent de l'avant, ce sont surtout des corrélations : si l'élément A est modifié, alors tel autre élément B change aussi… mais cela ne signifie pas pour autant que A se trouve être la cause de B, ni que A serait le seul facteur influençant B. Le bien-être animal explique une grande partie de la variation des qualités de viande, mais il existe encore une part d'inconnu.

Une fois dans nos assiettes la viande est toujours un peu acide même si elle est de bonne qualité. Il faut dire que de toute façon, à part quelques exceptions comme le blanc d'œuf, le homard ou le tofu, l'essentiel des aliments que nous ingérons a un pH inférieur à 7. Nous ne nous rendons pas compte de la présence de cette acidité quasi constante, car nous disposons d'un outil de mesure de l'acidité complètement inefficace : nos papilles. Si l'on mange facilement et avec plaisir une fraise, boire du vinaigre s'accompagne d'une grimace… alors que l'acidité de ces deux éléments est très similaire. La fraise use d'une astuce en « cachant » l'acidité (sans la faire disparaître) à nos papilles grâce à son sucre. À propos, saviez-vous que le Coca-Cola est aussi acide que le citron ? Grimacez-vous en le buvant ?

Masquer l'acidité en arrosant un plat de sucre trompe efficacement nos sens, mais on peut aussi *neutraliser* l'acidité d'un plat (c'est-à-dire changer son pH pour un pH plus basique) en utilisant une pincée de bicarbonate de sodium. Ce composé, offert en supermarché, est une base (une fois en solution, son pH est supérieur à 7) qui, combinée à un acide, produit de l'eau, du sel et du dioxyde de carbone. Si votre sauce tomate est trop acide, ajouter du sucre masque l'acidité, mais le bicarbonate de soude la neutralise. Le goût ne sera pas modifié (à part une réduction de l'acidité), mais attention à n'en mettre que de petites quantités, car une sauce tomate trop peu acide devient (très) désagréable au goût.

Le pH neutre

La neutralisation d'une substance consiste à mettre en contact un acide et une base. L'un étant un donneur d'ion hydrogène et l'autre un accepteur, ils se combinent pour former un composé de pH neutre d'où le nom « neutralisation ».

Revenons un instant sur les viandes de « mauvaise qualité » dont nous parlions plus haut. Souvent désagréables à manger, il existe un moyen de les préparer afin de les attendrir (au moins en surface) tout en leur donnant du goût : les marinades ! Celles à base de vin, de vinaigre ou encore de fruits (citron, orange, etc.) agissent sur la viande grâce à leur pH acide. Cette acidité décompose les protéines en petits morceaux, fait gonfler la viande, ce qui affaiblit les structures et enfin augmente la conversion du collagène (une des protéines de la viande) en gélatine... la viande devient alors (un peu) plus tendre... ou du moins plus goûteuse, si vous avez réussi votre recette !

La science de l'absorption d'un médicament

Qui êtes-vous ?
Peut-être avez-vous déjà répondu à cette question depuis plusieurs années… « Je suis dynamique, bavarde et sportive » ou encore « je suis timide, discrète et joyeuse ». Mais vous définiriez-vous de la même façon après quelques verres de vin ? Qu'en est-il de votre personnalité une fois un somnifère ou un antidépresseur avalé ?

Autrement dit, ces substances altèrent-elles votre personnalité ou vous révèlent-elles ?

Je ne sais pas qui vous êtes, mais je sais que, pour exister, un bal microscopique de réactions chimiques ordonnées doit constamment s'opérer, nous permettant de bouger, penser et interagir avec le monde, mais… ajoutez un trouble-fête au milieu de ces danses et l'ambiance risque de changer.

Les médicaments en particulier sont conçus pour agir sur un ou plusieurs types de récepteurs (molécules capables de recevoir des signaux chimiques) afin de fournir une action contrôlée : enlever la douleur, nous détendre, nous exciter… Avant d'apposer son action, l'épopée du médicament dans notre corps est une aventure parsemée d'obstacles. Il faut dire que nous possédons de nombreux garde-fous que le médicament doit contourner pour entrer dans notre système en jouant sur de nombreux paramètres : la taille de ses molécules, son poids moléculaire, son affinité, sa solubilité… et, parmi eux, le pH fait quelquefois son apparition !

Je vous propose de découvrir les embûches rencontrées dans le cas particulier d'un comprimé diminuant la douleur, appelé un antalgique dans le jargon médical. Le paracétamol aussi connu sous le nom d'acétaminophène, selon le côté de l'Atlantique sur lequel vous vous trouvez, appartient à cette catégorie et nous allons le suivre lors de son voyage dans notre usine chimique. Sortez le comprimé de sa boîte. C'est ici que notre histoire commence.

Vous aurez remarqué que, au moment de prendre ce comprimé dans vos mains, il ne s'est pas émietté. Une évidence a priori, mais qui montre que le fabricant a pris soin de comprimer la poudre juste ce qu'il faut pour qu'il ne s'effrite pas… mais pas trop pour qu'il puisse encore se dissoudre dans notre système digestif. Dans cette poudre, les molécules de médicament (le principe actif) sont mélangées à « tout le reste » : les excipients. Ces derniers permettent au médicament d'être assez volumineux pour être tenu dans la main[3], mais aussi de se conserver (stabilité chimique), d'avoir la forme et la couleur souhaitées, de se dissoudre au bon moment et d'avoir un goût contrôlé, à défaut d'être « bon ». En effet, il est nécessaire d'ajuster les propriétés organoleptiques (goût, texture, odeur, acidité, amertume) pour passer le premier portail : la bouche. On utilise la même technique lorsque, pour donner un médicament à un chat, on dissimule le comprimé dans un morceau de pâté. Ce dernier, recouvrant le médicament, semble tellement appétissant que le chat n'a plus la sensation de manger quelque chose d'inconnu. Un médicament use donc du même subterfuge.

3. Le principe actif seul est parfois tellement petit et léger que l'on ne pourrait pas le manipuler.

Une fois gobé avec une gorgée d'eau, le comprimé s'aventure dans notre système digestif. Notre système gastrique présente des pH variés allant du très acide, comme dans notre estomac, à des valeurs plus basiques au niveau des intestins. Le pH prendra alors toute son importance, car il sera un des moteurs de la dissolution du comprimé.

Après un rapide passage dans l'œsophage, le comprimé arrive à sa première pause : l'estomac… notre « bain d'acide » personnel. Le pH y est d'environ 2. Naturellement, certaines cellules des parois de notre estomac fabriquent de l'acide chlorhydrique. Ce même acide sert à récurer des toilettes extrêmement entartrées ou à décaper des surfaces métalliques… et notre estomac en relâche, non pas par peur du tartre, mais pour fournir un milieu propice à la réduction en miettes des aliments que nous ingérons ou de l'antidouleur à peine avalé. La majorité des médicaments sont conçus pour être assimilés plus loin dans le système digestif, lors de leur séjour dans l'intestin. Afin d'éviter une dissolution du comprimé trop tôt dans l'estomac, ce qui pourrait être dommageable à ce dernier ou modifier l'efficacité du médicament, un revêtement antiacide, dit gastro-résistant, est souvent appliqué à l'extérieur de la pilule. Cette couche protectrice est chimiquement conçue pour se dissoudre seulement à un pH plus basique que celui de l'estomac, dans l'acidité duquel il reste inerte, stable. Telle une cape d'invisibilité, il n'interagit pas avec les ions H^+ et H_3O^+ présents dans l'environnement de l'estomac et à l'origine de son acidité. Cela explique pourquoi on nous demande d'avaler certains comprimés sans les croquer… afin de garder intact ce précieux enrobage !

Une fois passé le bain d'acide, le médicament continue son périple sous sa forme presque intacte dans les routes escarpées de l'intestin. Dans celui-ci, le pH augmente jusqu'à devenir basique (pH de 8 environ) ; le polymère entourant le comprimé se dégrade alors, exposant le médicament, et sa dissolution débute. Vue sous le microscope (figure 10.1), la membrane de l'intestin révèle toutes ses rides. Ses innombrables replis sur elle-même (des villosités) font en sorte de démultiplier la surface d'absorption des nutriments jusqu'à environ 32 m^2 ou 344 pi^2, soit environ 3,5 fois la surface de mon premier appartement d'étudiante. Cela fait de l'intestin un endroit de choix pour l'absorption tant des nutriments issus de notre alimentation que des médicaments.

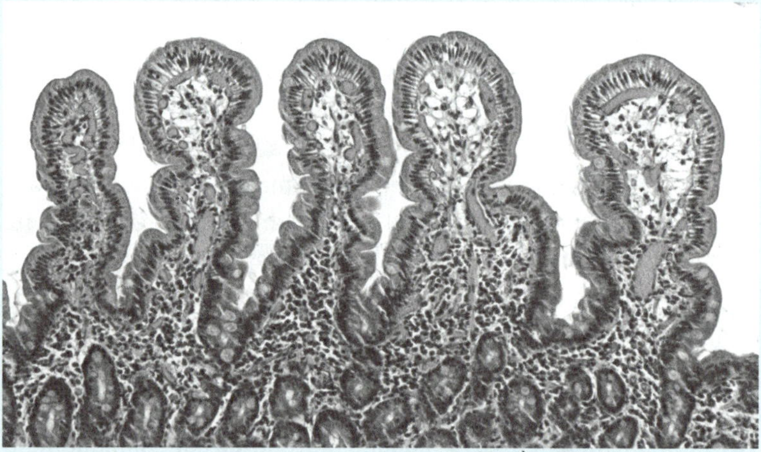

Figure 10.1 Grossissement de la paroi de l'intestin où l'on peut voir les replis de la membrane permettant une meilleure absorption.

Une fois la paroi de l'intestin traversée, le médicament atteint la grande autoroute de la circulation sanguine. Ça y est. Les molécules thérapeutiques nagent à présent en compagnie de nos globules rouges.

Même si on souhaitait diminuer une douleur locale en les ingérant, les molécules ne maîtrisent pas leur destination et seront brinquebalées partout dans le corps. De plus, au fur et à mesure, les molécules seront peu à peu désactivées puis mises au rebut par notre foie et nos reins, ce qui explique leur temps d'action limité dans le temps. Au final, seulement certaines atteindront la zone ciblée pour y accomplir leur tâche : stimuler ou inhiber des récepteurs, des canaux ioniques (voir chapitre 5), agir sur des enzymes ou des protéines…

Nous n'avons évoqué que le cas d'un comprimé absorbé au niveau de l'intestin, mais il existe aussi des médicaments liquides à avaler, à inspirer, à injecter, à sucer, à appliquer en crème localement… Chaque voie d'administration présente ses propres défis et chacune raconte une histoire différente.

D'ailleurs, le pH est une donnée d'autant plus importante lorsqu'il s'agit d'une injection intraveineuse. Comme ils outrepassent toutes les barrières protectrices du corps évoquées, si le pH du médicament n'a pas été correctement ajusté, une acidose (un surplus d'ions H^+ ou H_3O^+) aux conséquences graves peut se développer[4]. Notre sang, extrêmement stable, ne supporte pas beaucoup de variations d'acidité. Idéalement, le pH sanguin se situe entre 7,38 et 7,42, et nous ne pouvons pas survivre avec un pH en deçà de 6,9 ou au-dessus de 7,9. Toute substance qui intègre le club VIP de la circulation se doit donc de ne pas en changer le pH.

4. Les symptômes peuvent être très variés : nausées, vomissements, maux de tête, troubles neurologiques, etc.

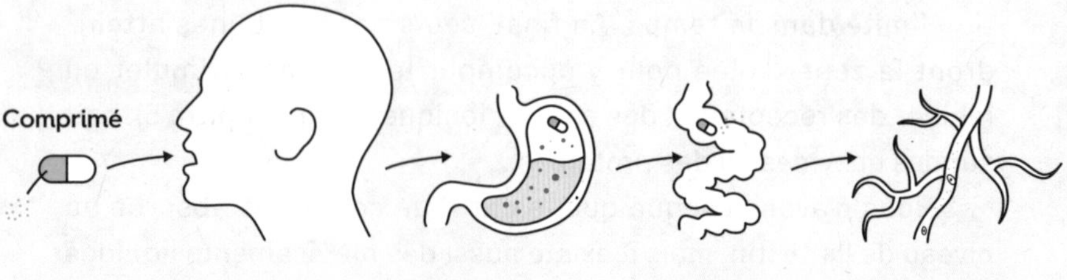

Figure 10.2 Résumé des barrières physiologiques qu'un comprimé qui est absorbé dans l'intestin doit surmonter.

Revenons à notre question de départ sur notre réelle identité. Sommes-nous la personne détestable avec tout le monde qui se tord de douleur ou cette personne agréable ayant ingéré un antalgique ? Malheureusement, je ne pense pas que ce chapitre nous ait apporté une quelconque réponse. Il nous faudrait d'abord définir ce qu'est l'identité : sommes-nous une succession de gènes, une usine chimique, un environnement biologique, un ensemble de pensées, une succession de comportements ? À l'échelle chimique, nous sommes des êtres complexes dont nous ne savons pas encore tout.

Notre corps, cette diva, ne rend pas la tâche facile aux spécialistes en pharmacocinétique (l'étude du devenir du médicament dans le corps) et en pharmacodynamique (l'étude de l'action du médicament dans le corps). Mais ces mécanismes nous protègent d'intrusions toxiques. Le défi revient aux laboratoires d'ajuster le moindre paramètre physico-chimique pour être bénéfique au patient tout en contournant les exigences de la diva et pouvant encore être fabriqué !

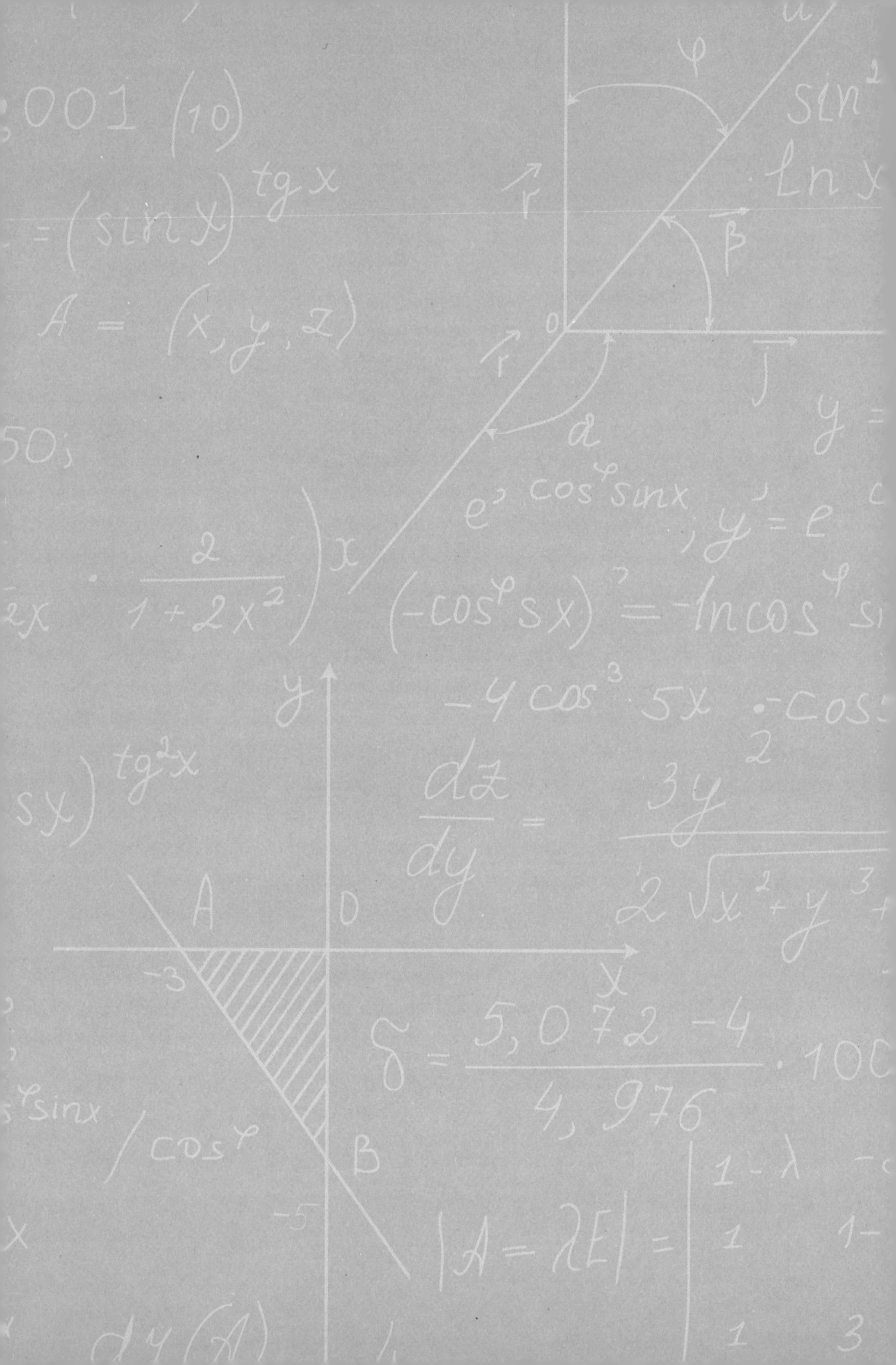

11

La trigonométrie des sphères triangulaires

Peler la terre comme une orange

À moins que vous n'ayez un bureau à la Indiana Jones, il y a de bonnes chances que la dernière fois que vous avez vu une carte du monde, ce ne soit pas sur un globe, mais plutôt à plat sur papier ou sur un écran.

J'ai beau ignorer quelle carte vous avez en tête (en ligne, un planisphère, votre atlas le plus récent), je sais qu'elle est fausse. Simplement parce qu'il est intrinsèquement impossible de transposer une sphère sur une surface plane.

Vous pouvez vous en convaincre en essayant de mettre à plat une peau d'orange (figure 11.4). Sans vouloir vous décourager, vous n'y arriverez pas sans faire de multiples entailles et en laissant des espaces vides.

À défaut de pouvoir « peler » correctement notre globe, pour passer du volume de la Terre à la surface d'un papier, on réalise ce que l'on appelle des *projections*. Par exemple, l'une d'elles consiste à enrouler une grande feuille de papier autour du globe pour en faire un cylindre. Chaque point du globe est ensuite « projeté » sur le papier, un peu comme si une source lumineuse à l'intérieur du globe projetait l'image sur l'intérieur du cylindre. En déroulant le cylindre, on obtient un planisphère. Cependant, à main levée, l'exercice est laborieux et manque de précision. À la place, on utilise des formules de trigonométrie.

La trigonométrie

La trigonométrie signifie littéralement «mesure des triangles». Elle est une branche des mathématiques qui met en relation des angles et des distances à l'aide d'outils tels que les cosinus, sinus et tangente. Elle comprend aussi les fameux théorèmes de Pythagore et de Thalès[1].

Particulièrement, dans un triangle rectangle tel que celui représenté (figure 11.1), nous avons les formules suivantes qui relient un angle aux côtés du triangle. En relation à l'angle α, ces côtés sont:

- l'hypoténuse (ici **AB**), le côté le plus long
- le côté adjacent (ici **BC**)
- le côté opposé (ici **CA**)

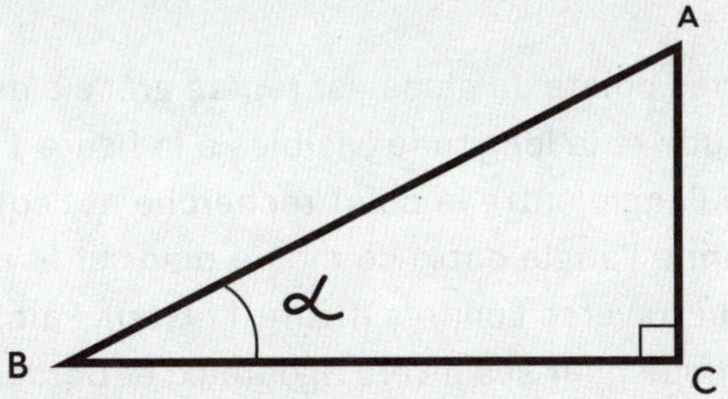

Figure 11.1 Triangle rectangle ABC

1. Le théorème de Pythagore, selon lequel le carré de l'hypoténuse est égal à la somme des carrés des deux autres côtés, permet de calculer l'une des longueurs en connaissant les deux autres. Le théorème de Thalès, selon lequel toute droite parallèle à l'un des côtés d'un triangle sectionne ce triangle en un triangle semblable (dont les longueurs des côtés sont proportionnelles à celles du triangle d'origine), permet de mesurer la longueur des autres côtés du triangle pour autant qu'on dispose de deux droites parallèles.

Les cosinus, sinus et tangente de l'angle a correspondent ainsi à la division de la mesure d'un côté par un autre:

$$\cos \alpha = \frac{\text{côté adjacent (BC)}}{\text{hypoténuse (AB)}}$$

$$\sin \alpha = \frac{\text{côté opposé (CA)}}{\text{hypoténuse (AB)}}$$

$$\tan \alpha = \frac{\text{côté opposé (CA)}}{\text{côté adjacent (BC)}}$$

Chacun des points du globe est repéré grâce à des coordonnées : la latitude et la longitude (visibles à la figure 11.2). La latitude indique l'angle entre le point recherché et l'équateur et la longitude donne l'angle entre ce même point et le méridien de Greenwich qui traverse Londres (figure 11.5 (a)). Fait surprenant, Montréal, connue pour ses hivers rigoureux, et Bordeaux, ville au climat clément, se trouvent à de proches latitudes (donc à une distance similaire de l'équateur), bien qu'à des longitudes différentes.

Montréal : 45.508670°, -73.553993°

Bordeaux : 44.840440°, -0.580500°

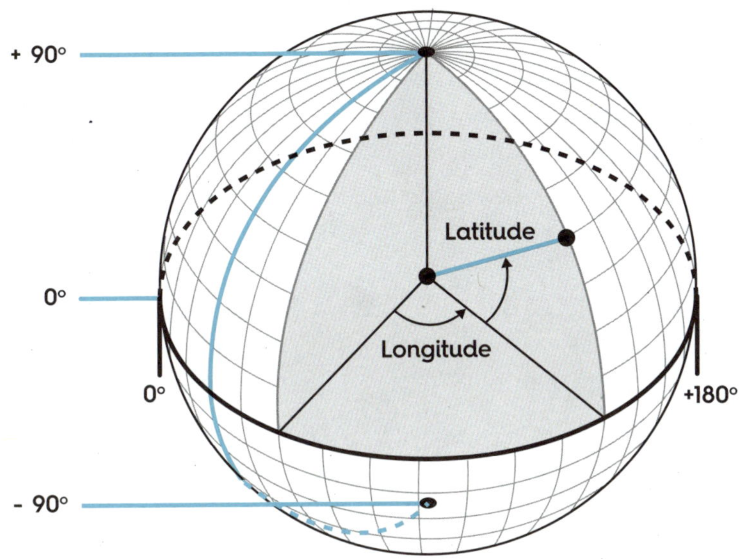

Figure 11.2 Représentation de notre globe terrestre ainsi que de la latitude (variant de -90° à +90°) et la longitude (variant de -180° à +180°).

En représentant chaque point du globe par une paire d'angles, on se donne accès à toute la boîte à outils de la trigonométrie. On peut notamment transformer les valeurs de ces angles en un nouvel ensemble de valeurs permettant de localiser le même point, mais cette fois-ci sur un plan tel qu'une feuille. Le passage d'un système de coordonnées (celui du globe, en 3D) à un autre (celui de la feuille, en 2D) s'appelle une projection.

La projection sur un axe

Faisons une projection simple de la longueur b du dessin ci-dessous (figure 11.3). Projeter la longueur b sur l'axe x revient à dire: «Quelle est la longueur de b si on regarde depuis l'axe x?» Les lignes pointillées A1 et A2 délimitent une nouvelle longueur qui est l'équivalent de la longueur b, mais projetée sur l'axe x. Et on fait exactement la même chose pour l'axe des y. «Quelle est la longueur de b si on regarde depuis l'axe y?», ce qui revient à créer les lignes pointillées C1 et C2 qui délimitent la projection de b sur l'axe y.

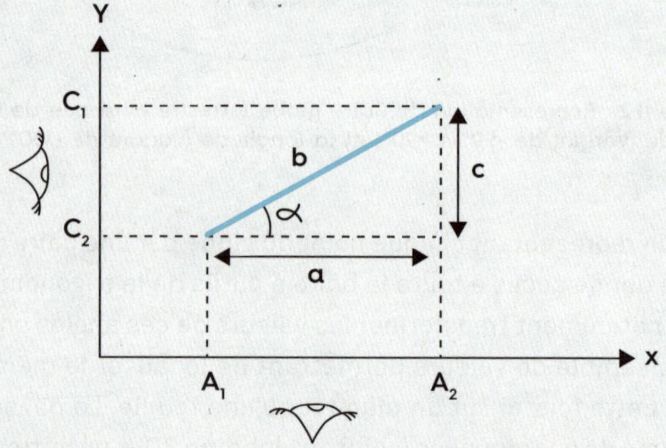

Figure 11.3 Projection de la barre b sur les axes x et y

Vous reconnaissez sans doute que le triangle que nous avions dans la précédente section (figure 11.1) se retrouve également ici dans la figure 11.3. Et si les projections correspondent à des côtés d'un triangle rectangle, c'est que l'on peut alors appliquer les formules vues précédemment pour les calculer.

Ainsi, pour calculer la longueur a (la projection de b sur l'axe x), on peut utiliser le cosinus:

$$\cos \alpha = \frac{\text{côté adjacent } (a)}{\text{hypoténuse } (b)}$$

qui se transforme en

$$\text{côté adjacent } (a) = \cos \alpha \times \text{hypoténuse } (b)$$

Et pour calculer la longueur c (la projection de b sur l'axe y), il suffira d'utiliser le sinus:

$$\text{côté opposé } (c) = \sin \alpha \times \text{hypoténuse } (b)$$

a et c sont les projections de b sur les axes x et y!

Les projections d'un globe sont plus complexes que l'exemple ci-dessus, mais, surtout, elles ne se résument pas à une seule méthode. Une infinité de solutions existent. Vous-même, vous pouvez inventer la vôtre… en pelant votre orange différemment ! Et aucune n'est plus fausse ou plus vraie qu'une autre. Quelle que soit la technique de projection, ce sera toujours imparfait. Parce que, quelle que soit la technique utilisée pour peler votre orange (en lanières, en spirale, en quartiers, etc.) ou le nombre d'entailles que vous ferez dans la pelure en l'aplanissant, de grands vides seront nécessairement laissés… alors que si la peau était toujours sur son fruit, il n'y aurait pas de discontinuité.

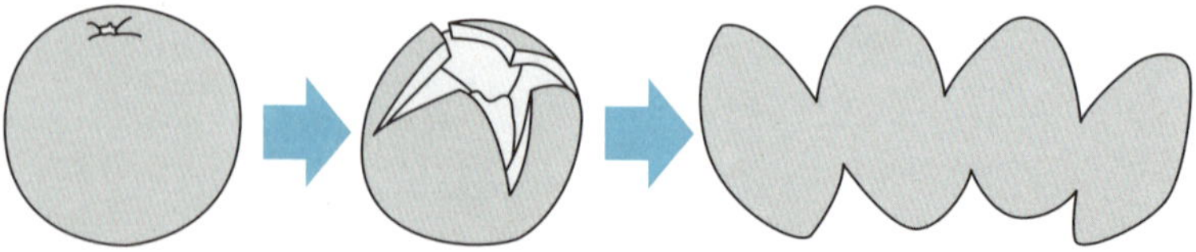

Figure 11.4 Une projection du globe sur une carte se représente comme la façon dont on pèle une orange.

Comme on ne veut pas laisser de « trou » qui ne représente ni océan ni terre, les cartes sont étirées. L'étirement nécessaire pour combler les vides sera par conséquent toujours présent, bien que différent. Ainsi, certaines cartes sont réalistes vis-à-vis de la forme des pays (Mercator), d'autres au niveau des surfaces (Werner), d'autres encore sur certaines distances (Postel). Mais aucune carte ne peut et ne pourra jamais satisfaire tous les critères. La carte de Winkel Tripel est un type de projection cherchant à minimiser toutes ces erreurs. Elle est donc imparfaite sur tous les plans, mais c'est « la moins pire » des imparfaites.

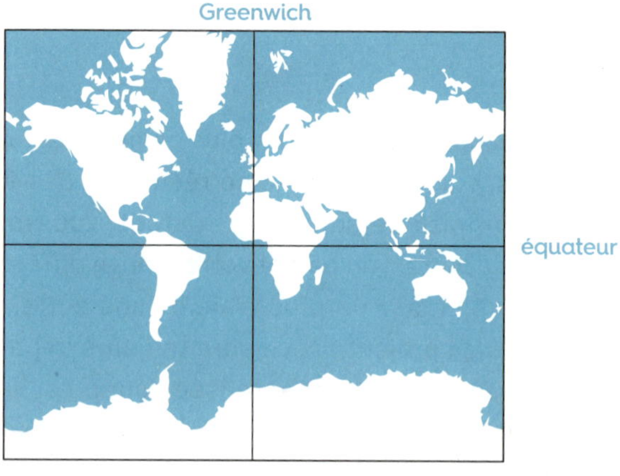

(a)

Figure 11.5 Exemples de projections (cartes de Mercator (a), de Winkel Tripel (b), de Postel (c), de Werner (d), de Collignon (e)).

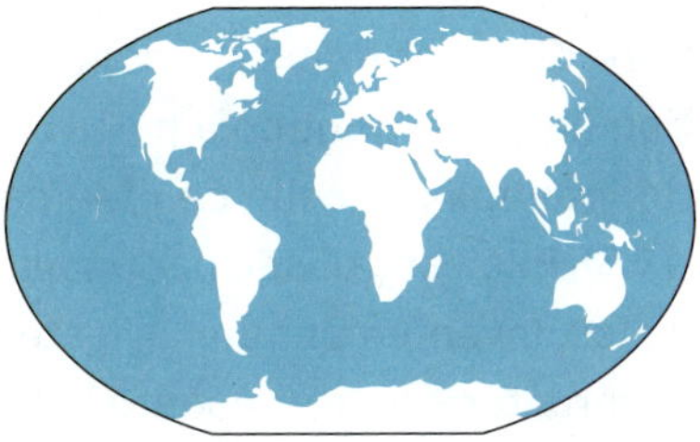

(b)

(c)

(d)

(e)

C'est une affaire de compromis... aux implications géopolitiques. La projection (la façon dont on a pelé l'orange) sans doute la plus utilisée a longtemps été celle de « Mercator » qui date du 16e siècle (figure 11.6). Elle est utilisée par Google Maps[2] ainsi que de nombreuses écoles. Inventée par un navigateur et cartographe européen, Gérard Mercator, elle représente la forme des pays de façon réaliste mais aussi les directions. C'est-à-dire que si un capitaine de navire trace une ligne droite sur la carte, cela correspond à une direction constante sur le compas du bateau. Un outil précieux pour des navigateurs encore dénués de GPS !

Si cette carte était pertinente pour nos ancêtres voyageurs, elle véhicule aussi une représentation faussée du monde et son utilisation généralisée à notre époque fait débat.

Son principal défaut réside dans le fait que les terres les plus proches des pôles sont tellement étirées qu'elles paraissent plus vastes que celles qui sont proches de l'équateur. Ainsi, avec leurs superficies exagérées, on a l'illusion que l'Amérique du Nord et l'Europe occupent une place beaucoup plus importante sur le globe qu'elles ne le font en réalité, diminuant de fait l'étendue des pays plus au sud (anciennes colonies et pays en voie de développement pour la plupart). La plus grande aberration se trouve lors de la comparaison du Groenland avec l'Afrique, qui, visuellement, semblent de tailles identiques (figure 11.6)... alors que ce petit pays glacé est 14 fois plus petit que le continent ensoleillé.

2. Google Maps utilisait une version un peu modifiée du Mercator qui s'ajustait en fonction du niveau de zoom... et ce jusqu'à J-1 avant le bouclage de ce livre !

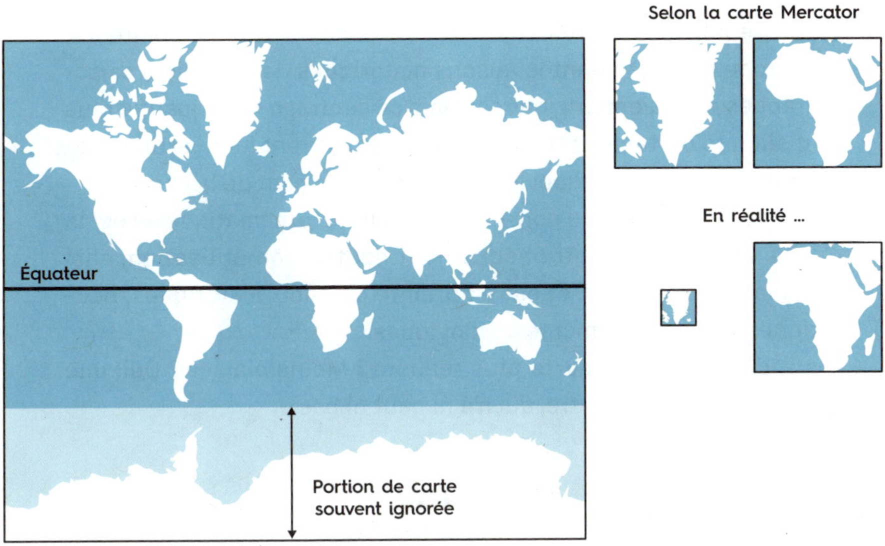

Figure 11.6 Carte la plus utilisée : la projection de Mercator. Malgré ses avantages, cette carte déforme les tailles des pays, donnant l'illusion que l'Afrique et le Groenland sont de tailles identiques, alors que le Groenland est en réalité 14 fois plus petit. La carte est souvent tronquée, mettant l'emphase sur l'hémisphère Nord.

Cette distorsion est telle que certains imprimeurs de cartes choisissent de « décaler le centre ». Au lieu de placer l'équateur au milieu de la carte, une plus grande place est attribuée au nord par rapport au sud (figure 11.6) modifiant encore notre perception de notre globe.

À la simple vue de la carte, il est difficile de nous rendre compte que les terres émergées occupent seulement 30 % de la surface de la planète et que l'Afrique représente un cinquième de ces terres.

De plus, le centre de la carte, et donc du monde, pointe sur l'Europe pour d'évidentes raisons historiques : les premiers cartographes en étaient originaires. Mais ce centrage ne se justifie plus (d'ailleurs certaines régions du monde centrent leur carte autrement). Et puis... pourquoi le nord serait-il en haut de la carte ?

Qu'on le veuille ou non, bien que l'outil mathématique qu'est la trigonométrie soit intrinsèquement neutre, son utilisation, elle, façonne notre esprit et est empreinte de choix historiques, politiques, culturels et même idéologiques.

Existe-t-il une carte plus réaliste ? Moins biaisée ? Oui, une seule : le globe terrestre, qui n'a ni haut ni bas.

Figure 11.7 La seule représentation du monde réaliste : le globe terrestre.

Un canon à billes digne de Pythagore

« J'ai tordu ma cuillère dans le pot de crème glacé, j'ai cassé la chaise, le ventilateur ne tourne plus, le joint s'est étiré, l'ampoule a grillé, le pot d'échappement est tombé... ». Réparer les objets de notre quotidien s'avère de plus en plus complexe, tant ceux-ci n'ont pas forcément été conçus pour être réparés, mais plutôt pour être remplacés. Malgré tout, de nombreux bricoleurs s'attachent à rafistoler tous ces objets en mal d'une seconde vie. D'ailleurs, dans le milieu des bricoleurs, un *mème*[3] circule depuis des années sur Internet et est une blague récurrente du domaine (figure 11.8). En résumé, la figure met de l'avant le fait que tout bon bricoleur n'a besoin que de deux produits pour réparer n'importe quelle pièce : un lubrifiant (en particulier le produit WD40) et un ruban adhésif puissant (en particulier le *duct tape*). Et cette blague devient drôle lorsque ces deux solutions sont proposées dans un contexte complètement inadapté, comme le fait de réparer un avion, une fusée, un accélérateur de

3. Un **mème Internet** est une image, un texte, une vidéo, un concept ou un organigramme comme ici (souvent à portée humoristique) publié sur Internet et qui fait « le buzz ».

particules… et si vous n'arrivez pas à en saisir le caractère humoristique, je vous assure qu'elle faisait mouche lorsqu'elle était bien placée… il y a 10 ans.

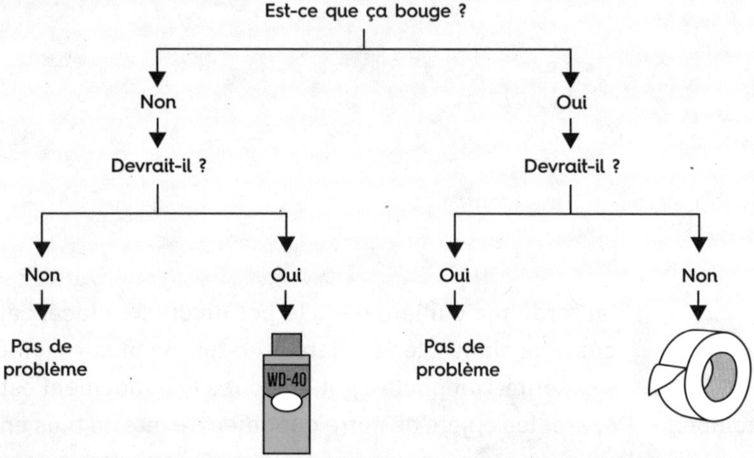

Figure 11.8 Organigramme des solutions qui s'offrent aux réparateurs

Blague à part, le besoin de modifier ou de réparer des pièces critiques, de n'importe quelle forme ou matériau, dans n'importe quelle condition et à des coûts raisonnables, préoccupe tous les concepteurs. Par exemple, dans le secteur du transport, une pièce cassée peut vite devenir extrêmement dangereuse (avion, automobiles…) et ne pas pouvoir être retournée à l'usine pour diverses raisons logistiques et pratiques (comme lors de sorties militaires ou d'expédition dans des endroits reclus). Une réparation autrement plus efficace que le *duct tape,* plus solide, est nécessaire. Depuis les années 1980, une nouvelle technologie – très légèrement plus complexe que le lubrifiant et l'adhésif combinés – est apparue : la « **projection à froid** » (plus connue sous sa formulation anglaise de *Cold Spray*). Elle a pris un nouvel essor depuis le début des années 2000, notamment dans le secteur aéronautique, particulièrement demandeur de pièces réparables. Cette technologie captive de nombreuses équipes partout dans le monde, dont le chercheur Bruno Blais avec qui je me suis entretenue. En effet, la projection à froid permet deux grandes classes d'action : réparer des pièces ou ajouter des éléments (tels que des renforts en prévention d'un bris ou un revêtement). Elle n'est pas encore prête pour une commercialisation à grande échelle, et ce, parce qu'il existe encore des verrous technologiques, et l'un d'entre eux est trigonométrique !

Pour illustrer la suite, prenons le cas concret d'un objet, que l'on ne tente pas de réparer, mais plutôt de modifier par de la projection à froid, dans un secteur qui nous est plus familier : un cuiseur de riz. Cette machine préprogrammée cuit le riz sans que vous ayez à le surveiller. Elle est dotée d'un bol en métal qui accueille le riz et l'eau, puis qui est chauffé jusqu'à la cuisson parfaite de notre céréale. Certaines compagnies ont décidé de chauffer le bol non pas avec des résistances thermiques, mais avec de l'induction (méthode basée sur de l'électromagnétisme) afin d'obtenir une chauffe plus uniforme et mieux contrôlée. Cette méthode réclame que le bol soit dans un matériau compatible, mais malheureusement beaucoup plus cher. Pour limiter les coûts, les constructeurs gardent le même bol, mais impriment une couche de métal par-dessus qui, elle, est compatible avec l'induction.

Imprimer du métal avec cette méthode diffère beaucoup d'une impression d'encre. La projection à froid consiste à projeter des billes de métal « froides » sur une surface déjà existante comme notre bol de riz (figure 11.9). Ces sphères de 1 à 100 μm de diamètre (soit entre 0,001 mm et 0,1 mm) sont projetées à des vitesses dépassant le mur du son (entre 400 et 1000 m/s), provoquant un grand « boum » sonore permanent. Au moment où la pluie de billes percute le bol, celles-ci ne rebondissent pas, car elles se déplacent tellement vite qu'elles s'aplatissent lors de la collision. Ce phénomène est d'ailleurs facilité par le fait qu'elles ont été ramollies après avoir été chauffées à environ 300 à 400 °C. La technique a beau contenir le terme « à froid » dans sa dénomination, ces températures sont considérées comme fraîches dans le milieu de l'industrie habitué à des températures à quatre chiffres. Ramollies par cette *fraîche chauffe,* elles se déforment complètement et se collent au matériau sur lequel elles atterrissent.

En effectuant plusieurs passages successifs aux mêmes endroits, elles peuvent former une couche de plus en plus épaisse pour créer le revêtement nécessaire. Dans d'autres situations, ces couches permettront de réparer ou même d'ajouter des éléments à une pièce comme des renforts de solidification. C'est une nouvelle sorte d'impression 3D sur une pièce existante.

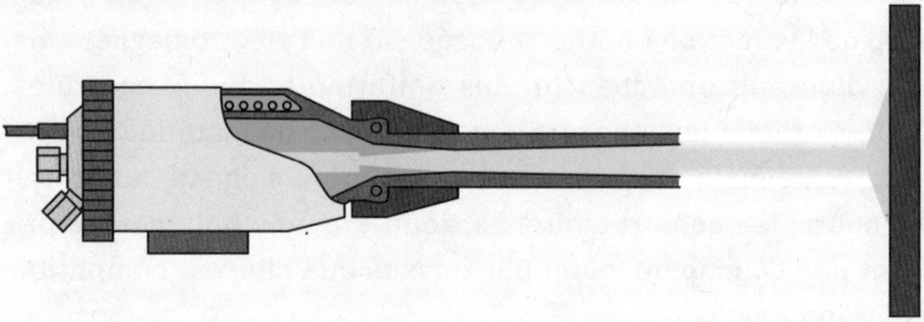

Figure 11.9 Technique de projection à froid. Des billes sont propulsées sous l'effet d'un gaz sous pression sur un substrat (la pièce à modifier).

Pour se rendre compte des problèmes trigonométriques auxquels les concepteurs font face, il faut comprendre comment les projectiles entrent en contact avec la zone cible. La paroi du tuyau qui projette les billes (la tuyère) ralentit, par friction, le déplacement des billes qui sont en contact avec elle. Ainsi, il y a toujours un peu plus de billes qui sont projetées au milieu du tuyau que sur les bords. La problématique est importante, car une fois les billes déposées sur le matériau, on en trouve plus au centre que sur les côtés. Elles forment ainsi un petit monticule (figure 11.10 (b)) reflétant cette différence de quantité.

Le hic, c'est que les billes n'adhèrent à la surface **que** si elles la percutent perpendiculairement. Plus l'angle entre le jet et la surface s'éloigne de la perpendiculaire, moins elles collent, jusqu'au point où, au lieu de fusionner et d'ajouter de la matière, elles rebondissent, glissent ou, pire, abrasent la surface et enlèvent de la matière !

Dès que la première couche est déposée, les monticules modifient la topologie de la surface. Ainsi, lorsque le tuyau projetant les billes (la tuyère) passe à nouveau pour ajouter une couche, il doit s'ajuster dans l'espace de façon à rester en permanence perpendiculaire à la surface du petit monticule, grâce à des bras robotisés capables de régler simultanément la position de la tuyère et celle de la pièce.

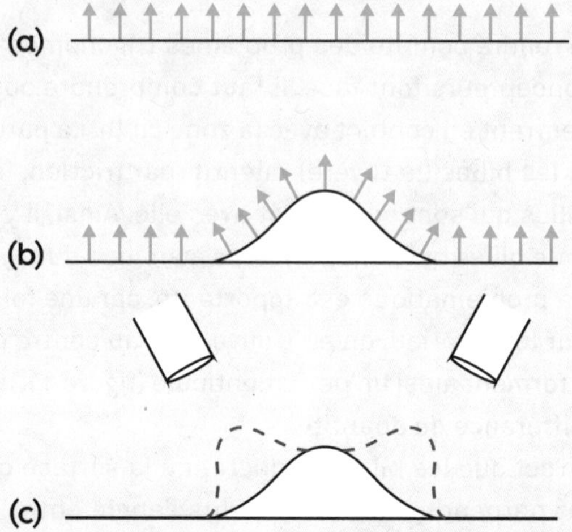

Figure 11.10 Représentation de la difficulté de rester perpendiculaire à la surface sur laquelle des billes sont projetées. (a) Sur une surface place, la perpendiculaire (représentée par des flèches) reste constante; (b) sur une surface non plane ou lorsqu'un monticule de matière a déjà été projeté, la perpendiculaire à la surface change en permanence et les bras robotiques devront s'ajuster; (c) en s'ajustant, il créeront alors d'autres monticules à leur tour, changeant à nouveau la forme de la surface.

Le casse-tête trigonométrique est ici : afin de conserver une projection perpendiculaire (donc à angle droit), il faut mathématiquement définir les positions des bras robotiques qui supportent la tuyère et la pièce en utilisant les formules applicables aux triangles. Cela implique de connaître parfaitement la surface de la pièce avant une quelconque projection de matière, mais aussi la nouvelle surface, une fois déposées la première couche, la deuxième, la troisième... La géométrie, variable dans le temps, se complexifie encore lorsque des renforts doivent être déposés à l'intérieur d'une pièce aux formes variées. Les chercheurs, s'ils invoquent Pythagore et Thalès, utilisent aussi des projections trigonométriques complexes, tellement complexes que cela ralentit la commercialisation de la technologie.

Le bol de riz est l'une des rares applications grand public, la technologie étant pour l'instant plus orientée vers l'industrie et vers la réparation des pièces. Cependant si l'automatisation de ce lance-billes devient efficace (et si le coût n'est pas trop élevé, et si la technologie ne présente pas de danger, et si...), peut-être verrons-nous un jour une multiplication des applications pour le grand public, voire une sorte de pistolet à colle, mais à métal ! Pour renforcer une des pattes de son bureau ? Réparer des tuyauteries domestiques ?... À moins que du *duct tape* ne soit suffisant !

12

La matière dans tous ses états

Lumière sur la disparition des fonds de verre d'eau

Il suffit d'avoir vécu seulement une année à Montréal pour se rendre compte que le climat de cette région est... extrême. Non seulement les hivers sont froids et longs (très longs), mais les quelques semaines d'été sont aussi excessivement chaudes, gracieuseté d'une atmosphère humide. J'ai cependant pour règle de ne jamais me plaindre de l'été, ayant déjà largement dépassé mon quota annuel de plaintes pendant l'hiver. Cela ne nous empêche pas néanmoins d'essayer de répondre à cette question qui m'a longtemps intriguée.

Pourquoi, lorsque le bulletin météo annonce 100 % d'humidité, n'avons-nous pas l'impression de nager dans l'air ? Voire même, ne devrions-nous pas suffoquer par manque d'air ?

Si 10 % d'humidité signifiait que 10 % de l'air correspond à de la vapeur d'eau et les 90 % restants à de l'air sec, forcément, avec cette représentation, lorsque l'on atteint 100 %, il n'y aurait plus d'espace pour l'air. Ce serait la noyade assurée... sans être allé à la plage !

Cette représentation de l'humidité n'est pas fausse. Elle existe et s'appelle **l'humidité absolue**[1]. Mais ce n'est pas à ce concept que font référence les météorologues. Leur humidité à eux est **l'humidité relative.** Il s'agit toujours d'une quantité de vapeur d'eau (c'est-à-dire d'eau à l'état gazeux) dans l'air, mais *par rapport* à la quantité de vapeur d'eau maximale que l'air «*peut contenir*».

Pour les amateurs de formules, l'humidité relative se définit ainsi :

$$\text{Humidité relative} = \frac{\text{quantité de vapeur actuelle dans l'air}}{\text{Capacité maximale de l'air à contenir de la vapeur}} \times 100$$

Or, cette mythique «capacité de l'air à contenir de la vapeur d'eau»... n'a pas réellement de sens physique. Elle correspond plus exactement à «*la quantité de vapeur d'eau maximale à une pression et à une température donnée*».

Ici, il y a un point important à soulever : une molécule d'eau ne *remplace* jamais une molécule de dioxygène, de diazote ou de n'importe quel autre composé de l'air. Elle *s'ajoute*. Imaginez un papier essuie-tout qui absorberait de l'eau. Celle-ci se faufile entre les molécules d'essuie-tout sans jamais les remplacer... 100 % d'humidité relative signifie simplement que l'essuie-tout ne peut plus rien absorber : il est saturé. Dans le cas de notre atmosphère, cela correspond donc à la quantité maximum de vapeur d'eau dans l'air à la température et à la pression actuelle.

Avant d'aller plus loin au sujet de l'humidité, arrêtons-nous un instant sur le simple fait qu'il **existe** de l'eau sous forme gazeuse dans notre air... On nous a appris que l'eau liquide se transformait en gaz à 100 °C. Certes, les étés montréalais sont chauds, mais pas à ce point ! Comment expliquer alors qu'il y ait de la vapeur

1. Elle ne pourrait toutefois jamais atteindre 100 % dans notre atmosphère. Notons par ailleurs qu'elle est plutôt exprimée en kg/m³ et non en pourcentage.

d'eau dans l'air quand nous vivons à des températures bien en deçà de cette température de vaporisation ? Ou encore comment expliquer qu'un fond de verre d'eau finit par s'évaporer tout seul ?

Zoomons à l'interface de l'eau et de l'air du verre au point où l'on distingue les molécules les unes des autres. Permettez-moi une nouvelle analogie en représentant notre eau liquide comme étant une foule dense amassée lors d'un concert en plein air. Si vous vous êtes déjà trouvé au centre d'un tel attroupement, vous savez qu'il est très difficile d'en sortir tant vous êtes bousculé de tous bords. Les personnes qui forment les contours, quant à elles, ne vivent pas la même ambiance, mais peuvent aller et venir comme bon leur semble. Ces personnes définissant les contours de la foule représentent les molécules d'eau situées à l'intersection entre l'air et l'eau.

Les états de la matière

Ce qui distingue un état de la matière d'un autre est la façon dont les molécules sont agencées et reliées les unes aux autres. À l'état solide, les molécules sont reliées par des liaisons intermoléculaires fortes qui les empêchent de bouger et leur donnent une forme bien définie. À l'état liquide, même si des liaisons intermoléculaires sont toujours présentes, elles sont beaucoup moins fortes, ce qui permet aux molécules de se déplacer plus librement et de s'adapter à la forme du contenant dans lequel on les verse. Enfin, à l'état gazeux, les forces intermoléculaires sont négligeables et les molécules se déplacent comme bon leur semble. Peu importe la taille du contenant dans lequel on les place, elles occuperont tout l'espace disponible.

Comme dans le cas de la foule, il y a une différence majeure entre les molécules situées à la surface et celles situées au centre. Ces dernières, complètement encerclées, ne se donnent pas de coups de coude, mais s'accrochent les unes aux autres par des liaisons intermoléculaires, appelées des liaisons hydrogènes. Les molécules à l'interface entre l'air et l'eau, elles, ont moins de liaisons puisqu'une partie de leur surface est exposée à l'air. Pour passer de l'état liquide à celui de vapeur, l'énergie requise est proportionnelle au nombre de liaisons à briser. Moins de liaisons pour les molécules de surface ? Moins d'énergie nécessaire pour s'échapper !

D'accord, mais pourquoi l'eau liquide passerait-elle à l'état de vapeur en dessous de 100 °C ? Qu'est-ce qui la pousse à changer d'état ? Prenons de la hauteur et observons la foule avec un drone. Elle ne bouge pas et reste massée devant la scène. Mais si on zoome sur une personne au milieu, malgré l'apparence statique de la masse, individuellement, chaque spectateur (ou molécule) gigote sans cesse et s'entrechoque avec ses voisins. Dans un verre d'eau, cette énergie de mouvement de chaque molécule se transmet de proche en proche jusqu'à celles se trouvant à la surface et permet à certaines d'entre elles de casser leurs liaisons et de s'évaporer ! Voilà pourquoi il y a toujours un peu d'évaporation, même en dessous du fatidique 100 °C.

La température agit comme le moteur de cette histoire. S'il fait chaud, les molécules s'agitent beaucoup plus, telles des adolescentes prépubères à un concert de Justin Bieber. Ces mouvements amplifiés transmettent une plus grande quantité d'énergie aux molécules de surface dont le taux d'évaporation pourra significativement augmenter. Au contraire, si la température diminue, Justin Bieber laissera la scène à Charles Aznavour et les molécules d'eau, moins agitées, ne propageront que peu d'énergie aux molécules de surface… diminuant l'évaporation.

Avec cette représentation de l'évaporation, nous n'avons que la moitié de l'histoire. Le yin sans son yang, le sel sans poivre, Clark Kent sans Loïs Lane... Car en même temps que l'évaporation se produit aussi de la condensation, son processus inverse : la vapeur d'eau repasse à l'état liquide en formant des gouttes. Lors d'une belle journée d'été, lorsque vous vous désaltérez avec une boisson fraîche, l'extérieur de votre verre est mouillé. Il a beau faire très chaud, ce n'est pas votre boisson qui transpire à travers le verre, mais bien la vapeur d'eau de l'air qui condense sur la fraîcheur du contenant. En simultané et en permanence à la surface de tous les liquides, à n'importe quelle valeur d'humidité, un bal incessant de changements de phase se déroule. Certaines molécules se vaporisent et ajoutent de l'humidité à l'air, tandis que d'autres, au même moment, condensent et enlèvent de l'humidité en retournant à l'état liquide. Et lorsque la condensation est égale à l'évaporation... c'est que l'humidité relative (on y revient !) a atteint 100 % !

Ainsi, au-dessus de chaque liquide se trouve toujours une couche de vapeur d'eau plus ou moins large où des réactions de condensation et d'évaporation ont lieu, et leurs taux respectifs dépendent de la pression et de la température qui les entoure.

Revenons à notre humidité de 100 % en plein été. Vous êtes allongé à l'ombre dans un hamac à ne rien faire. Votre transpiration perle et vous dégoulinez... La faute à cette humidité maximale ! Puisqu'il n'y a plus d'évaporation possible lorsque l'air est « saturé » de vapeur d'eau, nous ne pouvons plus profiter de celle-ci pour nous refroidir. Souvenez-vous, si l'évaporation a lieu, c'est parce que les molécules avaient assez d'énergie pour briser leurs liens avec leurs congénères. En s'évaporant, les molécules emportent cette énergie avec elles, refroidissant alors notre peau. N'essuyez donc pas votre transpiration et laissez-la plutôt s'évaporer. Toutefois, lorsque l'humidité est maximale, le corps transpire et transpire pour nous rafraîchir, mais nous ne pouvons pas profiter de ce mécanisme de refroidissement corporel... ce qui explique pourquoi les étés humides semblent plus chauds que les étés secs – et pourquoi vous vous réveillez dans un lit détrempé en pleine canicule !

Mais revenons à notre questionnement. Nous savons que l'eau se vaporise à 100 °C, mais elle le fait aussi à des températures moindres sous forme d'évaporation. Ce qui se produit de particulier à 100 °C, c'est **l'ébullition**.

Je ne vais pas vous apprendre à faire bouillir l'eau de vos pâtes. Mais savez-vous vraiment tout de l'ébullition ? Faisons le test. Posez-vous les questions suivantes : qu'est-ce que l'ébullition ? Par quel mécanisme un liquide bout-il ? Que représente ce fameux 100 °C ? Préparez votre réponse avant de lire le paragraphe suivant.

L'ébullition, contrairement à l'évaporation, se produit au sein même du liquide et non en surface. Dopé d'énergie grâce à la chaleur apportée par votre cuisinière, des molécules au sein du liquide brisent leurs liaisons intermoléculaires, forment des bulles de vapeur d'eau et remontent à la surface. En deçà de 100 °C, des bulles de vapeur se forment également, mais s'effondrent sur elles-mêmes à cause de la pression que le liquide autour exerce sur elles (voir chapitre 13), les faisant imploser. Pour permettre la formation de ces bulles, il faut réduire la pression du liquide. À 100 °C, la fameuse couche de vapeur d'eau formée au-dessus de votre casserole exerce une pression vers le haut qui pousse la pression atmosphérique aussi fortement que la pression atmosphérique pousse sur le liquide (figure 12.1). Le liquide n'étant plus aussi comprimé par l'air qui est au-dessus, les bulles sont soumises à moins de pression, peuvent se former, grossir et monter à la surface.

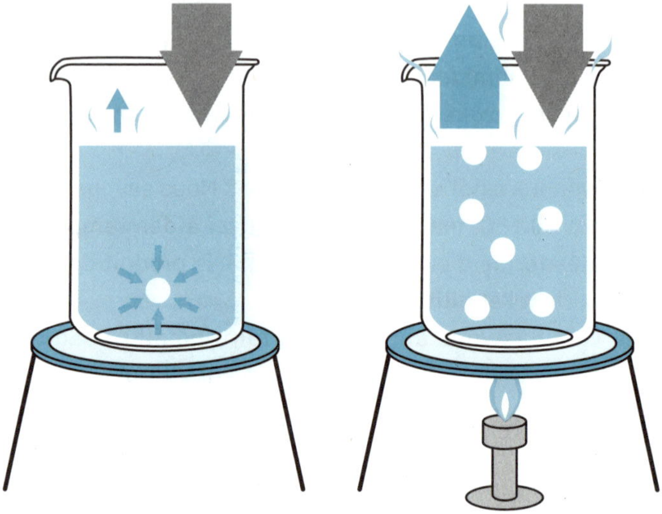

Figure 12.1 À gauche, des bulles de vapeur d'eau se forment, mais implosent sous l'effet de la pression du liquide. À 100 °C, la vapeur d'eau au-dessus du bocal empêche la pression atmosphérique de pousser sur le liquide. La pression est alors réduite et les bulles peuvent se former.

Et si la pression atmosphérique influence l'ébullition, celle-ci sera modifiée lors d'une montée en altitude ! Si vous faites de la randonnée en haute montagne, l'air se raréfie, la pression atmosphérique baisse et avec elle la température d'ébullition de l'eau, puisque la pression de la vapeur d'eau nécessaire pour contrebalancer le poids de l'air est moindre. Bref, pour faire bouillir de l'eau plus rapidement, concoctez-vous un voyage en altitude. Mais n'espérez pas pour autant une cuisson plus rapide, car si la température d'ébullition est plus basse, la température de cuisson l'est aussi. Ainsi, il vous faudra plus de temps pour cuire vos pâtes !

Là où les atomes ne frissonnent plus…

Notre corps a beau s'adapter difficilement aux températures élevées, il est encore plus inapte à tolérer le froid. Dès lors que le mercure descend, notre « meilleur » mécanisme de protection est… le frisson. Avez-vous déjà eu l'impression de vous réchauffer en frissonnant ? A priori, la réponse est négative, car cette méthode se révèle assez inefficace pour notre espèce. Pour compenser ces faibles performances tout en vivant dans des climats plus durs, l'humain a dû user de ruse et de technologie, passant de la survie à l'étude, à l'analyse et même à l'exploitation du froid extrême.

Je vous propose ici de plonger dans le monde du froid et particulièrement de la cryogénie, là où nous ne pourrions pas survivre et où les matériaux, à défaut de frissonner, démontrent de nouvelles propriétés fascinantes.

L'azote liquide permet de mettre en place une des méthodes de cryogénie les plus connues. Dans notre atmosphère, l'azote existe sous forme gazeuse, mais, sous des conditions contrôlées de pression, volume et température, on parvient à le liquéfier. Il condense (passe de gaz à liquide) à -196 °C. À cette température, il permet de cryogéniser les ovules et le sperme pour un usage ultérieur, mais aussi de changer les propriétés de matériaux courants tels des métaux, alliages, plastiques et même composites. Une fois traités à cette température, ils démontrent une amélioration de leur résistance à l'usure, à l'abrasion, à l'érosion, à la corrosion... expliquant alors un intérêt de l'industrie pour ce froid, qui n'existe naturellement nulle part sur Terre.

Et si on allait encore plus loin ? Encore plus froid ? Quelles nouvelles découvertes ferait-on ? Nous ne pouvons pas refroidir à l'infini. Il existe une température minimale appelée le ***zéro absolu*** : -273,15 °C, soit 0 Kelvin (noté K), ce qui définit littéralement cette échelle de température. Physiquement, le zéro absolu correspond au moment où plus rien ne bouge. Aucun mouvement de particule, aucune collision entre elles, aucune température, l'immobilité totale[2].

Lorsque l'on côtoie des températures aussi froides[3], la matière, libérée des carcans de sa chaleur, révèle son vrai « visage ». Elle exhibe des propriétés fascinantes dont nous ignorions l'existence et des états de la matière inédits qui ne se dévoilent que dans ce monde d'immobilité. Par exemple, la supraconductivité (nouvelles propriétés magnétiques dont on se sert dans les appareils d'imagerie médicale tels que les IRM) ou encore la superfluidité (comportement d'un fluide s'apparentant à celui d'un gaz). Depuis que l'on sait refroidir la matière à ces extrêmes, c'est tout un champ de la physique fondamentale qui s'est ouvert.

Atteindre des températures aussi basses représente un exploit en tant que tel. Ce n'est pas pour rien qu'il n'existe pas encore de réel four à micro-ondes « inversé » qui refroidirait les aliments en quelques secondes. L'action de refroidir est plus longue

---

2. Nous mettons de côté les effets quantiques dans cette définition ; en fait, la matière vibre toujours, mais avec la plus faible amplitude possible.

3. On sait depuis 1906 qu'il est physiquement impossible d'atteindre le zéro absolu sur Terre… mais on tente de s'en approcher le plus possible.

et plus complexe que de réchauffer. Contrairement à ce que l'on pourrait penser, il ne suffit pas « d'ajouter du froid » pour créer du froid, il faut au contraire enlever de la chaleur.

Ainsi pour étudier la mystérieuse matière dans son plus simple appareil, les physiciens en recherche fondamentale ont développé plusieurs techniques. L'une d'entre elles permet d'atteindre 0,02 K (soit -273,13 °C) et se base sur des changements de phase : le **refroidissement par dilution**.

Cette technique repose sur un bac rempli d'hélium connecté à l'échantillon à refroidir (figure 12.3). Dans nos conditions atmosphériques, l'hélium est un gaz que l'on injecte dans les ballons d'anniversaire pour qu'ils flottent ou que l'on respire pour avoir une voix aiguë pendant quelques secondes. Dans le refroidissement par dilution, l'hélium utilisé est lui-même extrêmement froid (–268,9 °C) et sous forme liquide[4]. Cependant, il permettra d'atteindre des températures plus basses que sa propre température.

Plus précisément, deux types d'hélium se côtoient : de l'hélium 3 et de l'hélium 4 (notés ^{3}He et ^{4}He). Le ^{4}He possède un neutron de plus que le ^{3}He, le rendant plus lourd et moins mobile (figure 12.2).

4. Le processus de refroidissement de l'hélium en lui-même a valu un prix Nobel au physicien Heike Kamerlingh Onnes en 1913. L'astuce consiste à jouer avec la pression de l'hélium de façon très précise et en réalisant des cycles de compression/détente particuliers.

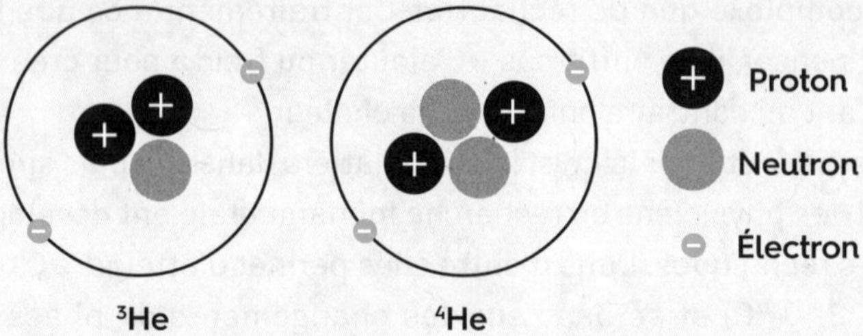

Figure 12.2 Différence entre le ^3He et le ^4He. Notons que les diamètres des protons, neutrons, électrons et leurs distances respectives ne sont pas à l'échelle.

Cette différence de masse implique que, lorsqu'un mélange de ^3He et de ^4He se trouve dans un bac, le ^4He coule tandis que le ^3He reste en surface. Malgré cette séparation de phase, les atomes de ^3He sont un peu plus attirés par les atomes ^4He, moins mobiles et donc plus « approchables », que par un autre de leur congénère. De fait, les ^3He se diluent dans la phase de ^4He jusqu'à une concentration d'équilibre de 6,4 %, d'où le nom de refroidissement par dilution.

C'est maintenant que cela devient intéressant ! Une partie de la phase du bas est amenée dans un autre bac, tout en restant connectée au premier (figure 12.3). Elle y est chauffée et, malgré seulement un neutron d'écart entre le ^3He et le ^4He, le ^3He dilué, plus léger et mobile, se vaporise en premier… laissant derrière lui la presque totalité du ^4He, dépourvu de sa concentration d'équilibre de 6,4 % de ^3He. La disparition de ces atomes de ^3He crée comme un « appel d'air liquide », forçant le ^3He liquide situé dans le premier bac à se diluer à nouveau pour rétablir la concentration d'équilibre.

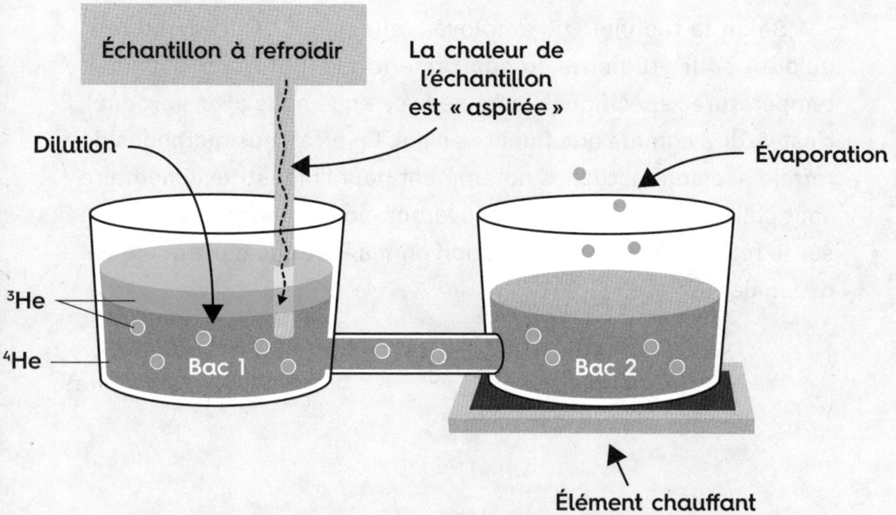

Figure 12.3 Représentation du refroidissement par dilution. Le bac de gauche est connecté à l'échantillon à refroidir et contient un mélange de ^{3}He et de ^{4}He qui se sépare naturellement en deux phases. Le bac de droite chauffe le contenu du premier bac, provoquant la vaporisation du ^{3}He.

C'est ici que se trouve l'astuce du refroidissement, car la dilution du ^{3}He dans le ^{4}He dans le premier bac réclame de l'énergie pour passer de la phase très ordonnée, où il n'y a que des ^{3}He, à une phase désordonnée (le mélange de ^{3}He et de ^{4}He). Cette énergie est alors puisée directement dans l'échantillon auquel il est connecté sous la forme d'énergie thermique. Cette absorption l'amène jusqu'à des températures très proches du 0 absolu… de quoi permettre aux physiciens d'étudier les nouvelles propriétés de l'échantillon révélées par le froid.

Le refroidissement par dilution n'est pas la seule technique de cryogénisation. Celle-ci peut être atteinte grâce à d'autres moyens que le refroidissement par dilution, tels que le refroidissement magnétique ou par laser.

Selon la technologie employée, elles sont utilisées en tant qu'outil pour étudier le comportement des matériaux sous des températures spécifiques (comme le cas que nous avons évoqué), c'est-à-dire comme une finalité en soi. En effet, nos méthodes de refroidissement actuelles notamment pour l'industrie alimentaire sont polluantes et peut-être trouverons-nous un frigo « vert » basé sur le refroidissement par dilution ou magnétique dans quelques décennies !

13

Contenu sous pression !

La pression atmosphérique contre-attaque

« J'ai eu un accident de voiture. Rien de grave, mais je serai en retard. » Voilà le texto à la fois inquiétant et rassurant que je venais de recevoir de la part de mon ami. La voiture qui le précédait avait freiné brusquement, provoquant un enlacement langoureux des véhicules. La décélération due à l'impact avait d'ailleurs été jugée suffisante de la part des capteurs (voir chapitre 4) logés dans la voiture pour déclencher un élément protecteur important: le coussin gonflable, tel que les Québécois le nomment, ou l'airbag pour les Français.

J'ai été rassurée en voyant les dégâts. Juste un peu de tôle froissée... mais une odeur persistante et désagréable embaumait l'habitacle. Cette émanation provenait de la libération du coussin. Les capteurs affolés par l'impact avaient envoyé un signal électrique activant une source de chaleur. Sous l'effet de celle-ci et en 0,3 seconde, les 130 g de poudre d'azoture de sodium (NaN_3 de son petit nom), alors inertes, avaient explosé. Cette réaction chimique très vive avait transformé ce petit volume de poudre de 0,07 L en 67 L de gaz, odorants essentiellement du diazote. Le gaz avait pris du volume (il s'est détendu), gonflant ainsi le ballon. Bref, nous venons de décrire une explosion.

Pression et volume des gaz

La **pression d'un gaz** correspond à la force que toutes ses particules exercent en entrant en collision avec la surface qui la contraint. Il existe d'ailleurs un lien étroit entre la pression et le volume d'un gaz: la **loi de Boyle Mariotte**[1]. Pour un gaz à température constante, si son volume réduit, sa pression augmente et vice-versa. Cette propriété se représente ainsi:

pression x volume = constante

Nous expérimentons nous-mêmes cette loi à chaque instant de notre existence! Lorsque nous inspirons, nous contractons notre diaphragme et nos poumons prennent du volume. Puisque le produit pression x volume doit rester constant, cette augmentation de volume cause une diminution de la pression. Cette dernière crée une sorte d'appel d'air, entraînant l'air extérieur à pénétrer dans nos voies respiratoires.

En dehors du lien pression-volume, le nombre de particules et la température jouent également un grand rôle. Par exemple, lorsque nous chauffons au micro-ondes un plat sans son couvercle, l'augmentation de température dégagée par celui-ci augmente l'énergie (la vitesse) des particules d'air qui se trouvent au-dessus.

1. En toute rigueur, ces équations sont valides uniquement pour des gaz dit « parfaits » où les interactions entre particules sont négligeables, car elles ne sont pas soumises à une pression importante (on s'intéresse alors aux gaz « dilués »). Par exemple, dans des conditions normales, le dioxygène et le diazote dans l'air se comportent comme des gaz parfaits. Pour les besoins du livre, nous nous permettrons de faire une approximation en considérant les gaz de ce chapitre comme parfaits.

Chacune d'elles prenant «plus de place» en se déplaçant, cela signifie que le nombre de particules d'air pour un même volume diminue. Si vous réalisez la même action mais en refermant hermétiquement votre plat juste après l'avoir chauffé, vous enfermerez, entre le couvercle et la nourriture, un nombre de particules moins important que celui de l'air ambiant. En se refroidissant, le nombre de particules reste constant mais la pression diminue, alors que la pression atmosphérique extérieure, elle, poussera toujours aussi fort sur le couvercle. Si bien que vous aurez beaucoup de difficultés à enlever votre couvercle, car vous serez en train de vous battre contre la pression atmosphérique!

En d'autres mots, quand vous n'arrivez pas à dévisser le couvercle d'un bocal de sauce pasteurisé à la chaleur, vous vous battez contre la pression atmosphérique! (figure 13.1)

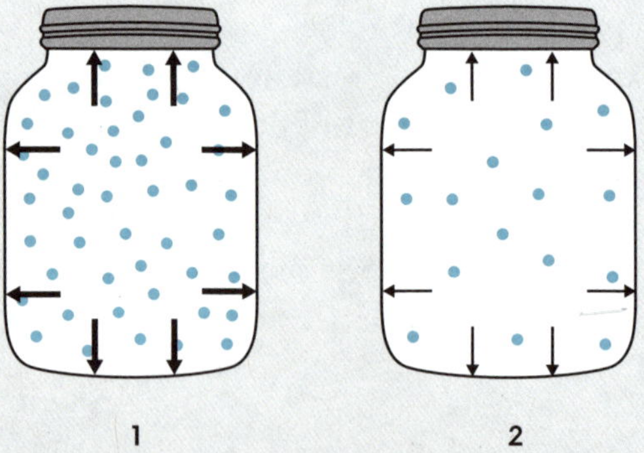

Figure 13.1 Dans ces deux bocaux de taille identique, il y a beaucoup plus de particules dans le premier que dans le second. La pression y est plus forte (à température égale).

Ce lien entre la pression, le volume, le nombre de particules et la température s'exprime grâce à la **loi des gaz parfaits***:

pression x volume = Nombre de particule x k_b x Température

En auscultant de plus près les restes du coussin désormais flasque, ma plus grande surprise a été de constater que le coussin gonflable était volontairement troué. Je n'ai pas mis la main sur une sombre histoire de sabotage digne d'un film du dimanche après-midi ; j'ai simplement découvert comment fonctionnait ce coussin d'air. Sans ces trous, l'airbag se gonflerait à capacité maximale, serait extrêmement dur et resterait ainsi à pression et volume identiques. Cogner sa tête contre un ballon tendu, c'est comme faire un plat dans une piscine. À 10 cm, nous entrons en contact avec l'eau à une vitesse faible et cela chatouille. À 10 m, nous avons acquis une vitesse telle que le contact avec l'eau est extrêmement dangereux. Les vitesses d'impact des accidents de la route nécessitent que le gaz s'échappe au fur et à mesure que le crâne entre en contact avec le ballon afin d'amortir le choc.

Continuons notre route en voiture, sans accident cette fois-ci, mais pour monter en altitude. Les routes sinueuses menant aux sommets s'accompagnent d'un phénomène qui nous atteint tous : le fait d'avoir les « oreilles bouchées ». C'est du moins le nom que l'on donne à cette sensation où tous les sons nous apparaissent sourds, comme si nos oreilles étaient réellement bouchées. Cependant, elles ne le sont pas. Avec l'altitude, la pression de l'air change et notre tympan, fine membrane souple, se déforme et altère notre perception du son.

* Voir note 1, page 215.

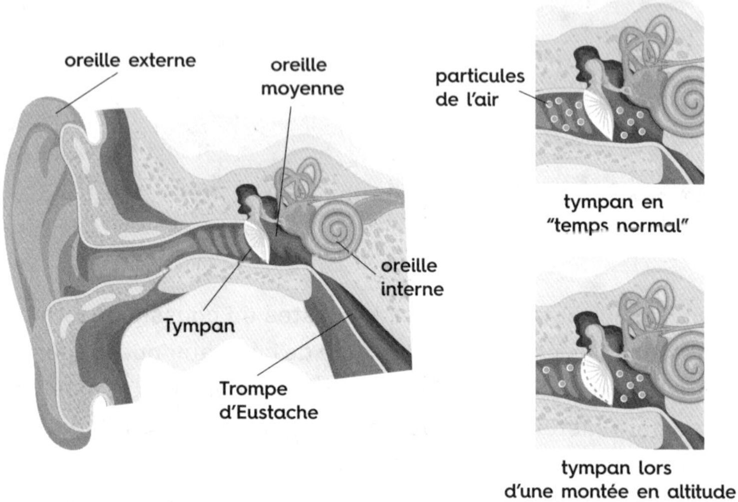

Figure 13.2 Schéma de notre oreille (gauche). En haut à droite, l'air à l'intérieur de l'oreille moyenne est à la même pression qu'à l'extérieur. Au contraire, en bas à droite, la pression est plus élevée dans l'oreille moyenne qu'à l'extérieur, provoquant une déformation du tympan.

La déformation de notre tympan s'explique par une différence de pression de part et d'autre de cette membrane. Dans notre oreille (figure 13.2), derrière le tympan, se trouve une cavité remplie d'air appelée l'oreille moyenne. Elle fait la jonction entre l'oreille externe, parabole captant les sons[2] et les conduisant au tympan, et l'oreille interne, chef d'orchestre de notre ouïe et de notre équilibre... et qui est aussi à l'origine de ce mal des transports dont on m'avait pourtant promis qu'il passerait à l'âge adulte. Revenons à cette cavité dont est issue la déformation de notre tympan. À l'intérieur se trouvent des osselets qui participent à la

2. Si vous voulez en savoir plus et expérimenter par vous-même la façon dont nous captons les sons, voici une vidéo que j'avais réalisée sur le sujet : https://youtu.be/-nAGXmUi6j0 (ou bien tapez « scilabus son » dans la barre de recherche de YouTube).

transmission du son, mais aussi la « trompe d'Eustache ». Ce conduit fait le lien entre l'air à l'intérieur de l'oreille moyenne et l'extérieur en passant par la bouche. Cette trompe est naturellement un peu refermée sur elle-même, rendant difficile la circulation de l'air avec l'extérieur… et ce, pour notre plus grand confort, car si le conduit restait ouvert en permanence, on s'entendrait parler et respirer « de l'intérieur ».

Ainsi, au fur et à mesure que l'on grimpe en altitude, la pression atmosphérique extérieure diminue, alors que celle à l'intérieur de l'oreille moyenne n'a pas bougé, puisque l'air est enfermé dans une sorte de boîte hermétique. En conséquence, le tympan, fine membrane flexible, se déforme sous l'effet d'un nombre de collisions des molécules de l'air plus important d'un côté de l'oreille que de l'autre. La conséquence sur le son est directe ! Tel un haut-parleur, le tympan oscille autour de sa position d'origine et transmet ainsi le son grâce à ses vibrations. Mais lorsque celui-ci est pré-déformé comme dans le cas des « oreilles bouchées », les vibrations du tympan sont modifiées et le son se transmet différemment, semblant fade et étouffé.

Pour rééquilibrer les pressions avant que cette fragile membrane s'abîme, il suffit de bâiller, de déglutir ou de souffler avec le nez en maintenant les narines fermées. Cette action écarte légèrement les parois de la trompe d'Eustache (figure 13.2), permettant une circulation de l'air rééquilibrant les pressions[3].

Cette action de bâiller ou de mâchouiller un bonbon pour ouvrir la trompe d'Eustache devient nécessaire à bord d'un avion. En effet, la pression à l'intérieur de la cabine descend, en quelques minutes seulement, à l'équivalent d'une altitude de montagne de 2500 m environ, alors qu'un avion long-courrier, lui, se baladera

3. Que l'on monte en altitude ou que l'on plonge sous l'eau, notons que ce sont exactement les mêmes mécanismes.

autour de 10 000 m d'altitude. Finalement, puisque la pression à l'intérieur de l'avion est beaucoup plus élevée que la pression à l'extérieur, nous voyageons dans une sorte d'autocuiseur volant (aussi connu sous le nom de « cocotte minute » ou « presto ») ! Nous n'y cuisons pas, heureusement, nous y survivons. La pression, la rareté de l'oxygène ou encore la température de l'air à cette altitude ne nous garderaient pas en vie très longtemps... ce qui explique la nécessité de pressuriser la cabine, opération réalisée grâce aux moteurs de l'avion ! Le turboréacteur, en plus de nous propulser, est aussi responsable de la pression dans l'habitacle et du renouvellement de l'air que nous respirons.

Le renouvellement de l'air par des moteurs semble sans doute contre-intuitif, mais il est ingénieux. Voici un turboréacteur classique (figure 13.3). L'air entre à droite et y est comprimé grâce à un compresseur axial (un enchaînement de ventilateurs en rotation et statiques) agissant comme un presse-purée... mais pour de l'air. Cela a pour effet d'augmenter sa pression, mais aussi de le réchauffer (la loi des gaz parfaits dont nous parlions plus haut).

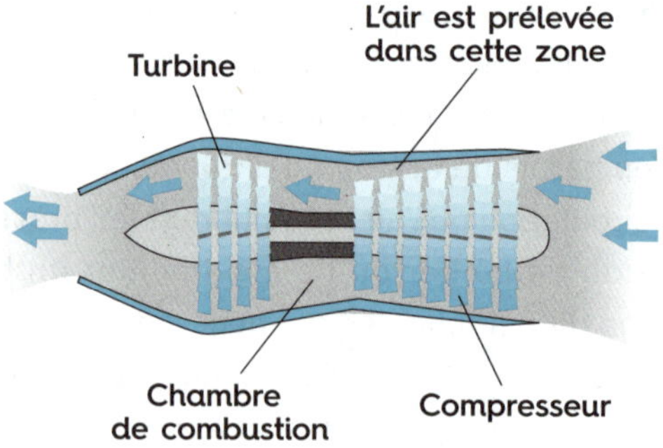

Fgure 13.3 Vue de coupe d'un turboréacteur d'avion. L'air froid entre par la droite, passe par un compresseur d'air, puis entre dans la chambre de combustion.

Cet air sous pression fait ensuite son chemin vers la chambre de combustion pour alimenter le moteur et propulser la carlingue. Juste avant cela – donc avant le mélange avec le carburant –, l'air « neuf », chaud et pressurisé qui est encore dans le « presse-purée », est prélevé, filtré et ramené à la température de la cabine. En permanence, l'air de la cabine est remplacé par de l'air frais provenant des moteurs ou passe dans d'autres filtres qui éliminent notamment les odeurs. Ainsi, nos productions odorantes relâchées dans l'atmosphère de la cabine sont filtrées et évacuées au fur et à mesure du vol. Cela est nécessaire, car notre corps est une usine de production de gaz odorants, que l'on ne peut pas contenir indéfiniment malgré le désir de respecter les règles de bienséance. Dans un avion A330 contenant environ 350 personnes pour les 6 heures de vol entre Montréal et Paris, et sachant que chaque individu produit un volume de 0,5 à 1,5 L de relâchements gazeux par jour… c'est entre 44 L et 131 L de gaz aux odeurs sulfurées qui auront été libérés d'ici l'atterrissage.

Malgré cette productivité intestinale humaine, les moteurs nous garantissent un air frais et sans odeur… tout en nous amenant à bon port !

Je vous laisse à présent imaginer comment notre corps se comporterait si nous nous trouvions sur la Lune sans combinaison, là où la pression « atmosphérique » est quasi nulle[4]… Qu'adviendrait-il de l'air dans nos poumons ou nos intestins ou encore des liquides qui nous composent… ?

4. Je ne vous laisse pas dans le flou. Vous trouverez la réponse dans une de mes premières vidéos (soyez indulgents ☺) en tapant «scilabus lune» dans le moteur de recherche de YouTube ou en suivant ce lien: https://youtu.be/rxH0CbweF_4

Volcan : montagne d'incertitude au cœur tendre

Pénétrons à présent dans les entrailles de la Terre, là où certaines poches en profondeur ne sont que magma. Cette matière visqueuse d'un rouge incandescent crépite entre 700 et 1300 °C. Le magma, moins dense que la terre qui l'entoure, trouve parfois son chemin vers la surface formant d'impressionnants volcans pouvant devenir des lieux de vie comme La Réunion ou Hawaï. Les montagnes ainsi formées sont des roches, empilées les unes sur les autres au fil des remontées magmatiques. Lorsque ces montagnes grondent, on anticipe des ***éruptions explosives*** violentes crachant de la roche en fusion, des nuages de fumée asphyxiants, des coulées de lave et de boue... ou bien rien de tout cela. Si la pression du magma est faible, au lieu d'exploser dans les airs comme un autocuiseur sous pression, elle peut aussi simplement s'écouler lentement (c'est-à-dire une ***éruption effusive***) ou se solidifier avant même de sortir à la surface.

Les dômes de lave sont typiques de ce dernier genre d'éruption (figure 13.4). Tel un gnocchi à peine cuit, le magma particulièrement visqueux remonte à la surface en douceur et y restera, trouvant son équilibre en formant une demi-sphère de lave[5]. L'extérieur, exposé aux vents, à la pluie et aux températures fraîches, formera une croûte laissant croire à une paix intérieure, là même où se situe l'enceinte d'une fournaise.

Figure 13.4 Dôme de lave

Un dôme de lave semble inoffensif. Il peut d'ailleurs rester inerte toute son existence ou, au contraire, nous démontrer son pouvoir destructeur… sans aucun signe avant-coureur. Lorsqu'il exprime toute sa rage, c'est au choix :

1. une explosion (en entrant à nouveau en éruption, mais de façon explosive cette fois) pouvant projeter des gaz, des cendres et des roches à plusieurs centaines de degrés jusqu'à la stratosphère, tout en s'écoulant le long du volcan à des

5. La lave et le magma désignent la même chose, mais à des endroits différents. La première est sur Terre, le second est sous Terre.

vitesses folles (dans certaines conditions, on peut parler de plus de 700 km/h)

2. des coulées de boue aussi puissantes que des avalanches.

Malgré son apparence calme, il faut toujours se méfier d'un gnocchi de lave qui dort. La méfiance donne alors lieu à la mise en place de protocoles scientifiques qui, à renfort d'études sur le terrain et de simulations numériques, remplacent ces montagnes d'incertitudes par des chiffres concrets prédisant les risques.

Dre Jessica Ball, avec qui je me suis entretenue, m'a expliqué à quel point la pression est une information déterminante afin d'évaluer lequel des deux risques mentionnés est le plus probable.

Le premier risque, l'éruption explosive, est l'apanage d'un dôme de lave encore jeune et fringant aux pressions internes crevant le plafond... littéralement. Si le dôme est chaud, une *nuée ardente* propulse des gaz, des cendres, des blocs de pierre volumineux dans les airs et/ou « coule » le long de ses flancs. Les responsables de ce déchaînement sont les gaz accumulés dans le magma qui poussent pour atteindre la surface. Étonnamment, le gaz le plus présent est la vapeur d'eau et celle-ci ne vient pas d'en haut, mais des entrailles de la Terre ! En effet, lorsque le volcan se forme à partir d'une plaque tectonique plongeant sous une autre (*subduction*), la plaque emporte dans sa chute des sédiments, de la boue, le tout mélangé à de l'eau liquide. L'eau et d'autres composés, sous l'effet de la forte pression et température des profondeurs de notre planète, se transforment en gaz ou se retrouvent dans un état dit *supercritique*[6]. Cette « vapeur » d'eau, couplée à d'autres gaz sulfurés et carboniques, pousse le magma vers le haut et s'accumule près de la surface, encore et encore... Une bombe à retardement !

6. C'est un état d'*entre-deux* difficile à décrire et que l'on ne peut pas reproduire (sauf en laboratoire). Ce n'est ni vraiment un gaz ni vraiment du liquide.

Le second risque concerne les dômes plus âgés où la pression est beaucoup plus faible, qui ont eu le temps de se refroidir : les coulées de boue. Tout est une affaire de stabilité du dôme. Et le trouble-fête qui bouscule cet équilibre... est encore l'eau ! Sauf qu'ici, on parle d'eau de pluie, qui s'infiltre depuis la surface plutôt que de remonter des profondeurs. Pendant des décennies, l'eau s'insinue dans les aspérités de la croûte et pénètre à l'intérieur. Elle se mélange avec les gaz très acides restants de la dernière activité volcanique pour produire de l'acide sulfurique. Ce dernier dissout les roches et les transforme en un matériau beaucoup plus mou : l'argile. Ce type de matière est tellement souple qu'il glisse rapidement, pouvant provoquer des coulées de boue capables de détruire et d'ensevelir des villages entiers (figure 13.5).

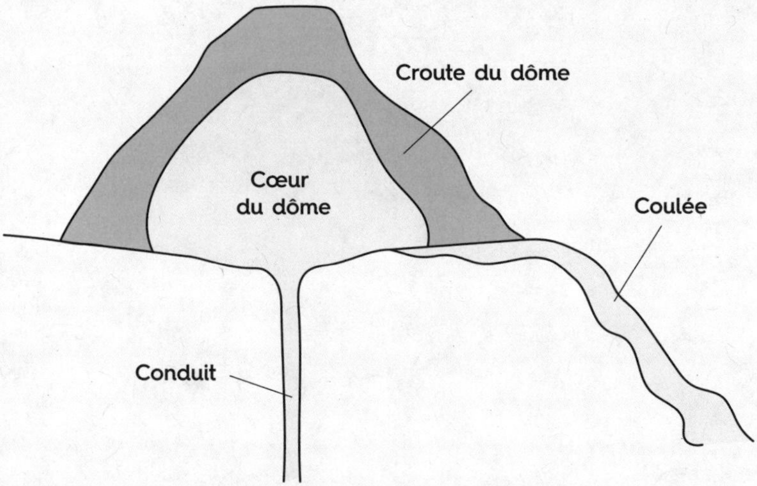

Figure 13.5 Dôme de lave, vu en coupe.

Dans les deux cas, la pression est la clef. Elle fait la différence entre une éruption explosive ou effusive et détermine l'avenir des dômes de lave. C'est donc cette métrique que Dre Ball extrait du modèle numérique qu'elle utilise en fonction d'informations de composition du volcan (propriété des roches), de sa forme, de la localisation des poches d'eau et de leur ruissellement… puis cette pression est utilisée comme information de base dans un second modèle numérique spécialisé pour représenter les risques de coulées de boue.

Ces modèles prédisent, autant que possible, l'invisible et l'insondable, mais il ne faut pas oublier que les volcans restent des phénomènes naturels et intrinsèquement chaotiques. Serons-nous capables de prédire la prochaine éruption majeure ?

Bibliographie

Ondes et autres histoires ondulatoires

ABBOTT, B.P. et coll. « Observation of gravitational waves from a binary black hole merger », *Physical Review Letters*, vol. 116, n° 6, 2016, p. 116.

GOYÉ, A. *La perception auditive,* Télécom Paris, 2002.

Élémentaire, le tableau périodique

ALEKLETT, K., MORRISSEY, D.J., LOVELAND, W., MCGAUGHEY, P.L., SEABORG, G.T. « Energy dependence of 209Bi fragmentation in relativistic nuclear collisions », *Physical Review C*, vol. 23, n° 3, 1981 ; 2010, p. 10441046.

LÉVY-LEBLOND, J.-M. *L'atome expliqué à mes petits-enfants*, Paris, Seuil, 2016, 107 p.

« L'alchimie : expliquer et transformer le monde », *Les Cahiers de Sciences et Vie,* n° 169, mai 2017.

Si tout se résumait aux équations mathématiques

LE NAVEAUX, F. *Biomécanique des configurations d'instrumentation chirurgicale de la scoliose idiopathique de l'adolescence,* Montréal, Polytechnique Montréal, 2016.

STOKES, I.A.F. et coll. « Endochondral Growth in Growth Plates of Three Species at Two Anatomical Locations Modulated by Mechanical Compression and Tension », *Journal of Orthopaedic Research,* 2006.

VILLEMURE, I. et STOKES, I.A.F. « Growth plate mechanics and mechanobiology. A survey of present understanding. », *Journal of Biomechanics*, vol. 42, n° 12, 25 août 2009, p. 1793-1803.

Une histoire d'électricité... sous tension

AROOM, K.R. et coll « Bioimpedance analysis : a guide to simple design and implementation », *Journal of Surgical Research*, vol. 153, n° 1, 2013, p. 23-30.

BUCHHOLZ, A.C., BARTOK, C. et SCHOELLER, D.A. « The validity of bioelectrical impedance models in clinical populations », *Nutrition in Clinical Practice*, vol. 19, 2004, p. 433-445.

DEHGHAN, M. et MERCHANT, A.T. « Is bioelectrical impedance accurate for use in large epidemiological studies ? », *Nutrition Journal*, vol. 7, n° 26, 2008, p. 17.

ETTINGER B., et coll. « Racial differences in bone density between young adult black and white subjects persist after adjustment for anthropometric, lifestyle, and biochemical differences », *Journal of Clinical Endocrinology and Metabolism*, vol. 82, n° 2, 1997, p. 429-434.

HLÚBIK, J. *Bioimpedance measurement of specific body resistance*, Czech Technical University, 2015.

JAFFRIN, M.Y. et MOREL, H. « Body fluid volumes measurements by impedance : A review of bioimpedance spectroscopy (BIS) and bioimpedance analysis (BIA) methods », *Medical Engineering & Physics*, vol. 30, 2008.

KHALIL, S.F., MOHKTAR, M.S. et IBRAHIM, F. « The theory and fundamentals of bioimpedance analysis in clinical status monitoring and diagnosis of diseases », *Sensors*, 2014, p. 10895-10928.

KYLE, U.G. et coll. « Bioelectrical impedance analysis, part I : review of principles and methods », *Clinical Nutrition*, vol. 23, 2004, p. 1226-1243.

LUKASKI, H.C. « Evolution of bioimpedance : A circuitous journey from estimation of physiological function to assessment of body composition and a return to clinical research », *European Journal of Clinical Nutrition*, vol. 67, n° S1, 2013, p. S2-S9.

NORDBOTTEN, B. J. *Bioimpedance measurements using the integrated circuit AD5933,* University of Oslo, 2008.

PIETROBELLI, A. et HEYMSFIELD, S.B. « Establishing body composition in obesity », *Journal of Endocrinological Investigation*, vol. 25, 2002, p. 884-892.

SOLTIS, J. et coll. « Accelerometers in collars identify behavioral states in captive African elephants *Loxodonta africana* », *Endangered Species Research*, vol. 18, 2012, p. 255-263.

VĚTROVSKÁ, R.V.Ě et coll. « Does impedance measure a functional state of the body fat ? », *Physiological Research*, vol. 63, 2014.

WAGNER, D.R. et HEYWARD, V.H. « Measures of body composition in blacks and whites : a comparative review », The *American Journal of Clinical Nutrition*, vol. 71, 2000, p. 1392-1402.

Petit atome chargé cherche ion opposé

MARIEB, E. *Anatomie et physiologie humaines, 3e Ed.*, Montréal, Erpi, 2005, 1288 p.

ROWELL, J. Étude de la spéciation et de la biodisponibilité du samarium en présence de matière organique naturelle avec l'algue verte *Chlamydomonas reinhardtii*, Université de Montréal, 2017.

Standing Committee on Natural Resources. *The rare earth elements industry in Canada – Summary of evidence*, Rapport du gouvernement du Canada, juin 2014, 30 p.

La puissance de la racine carrée

HARVARDX. « Science and cooking : from haute cuisine to soft Matter Science ». [En ligne] < edx.org >, https://www.edx.org/course/science-cooking-haute-cuisine-soft-harvardx-spu27-1x-0

POTTER, J. *Cooking for Geeks : Real Science, Great Hacks, and Good Food,* O'Reilly Media, 2010.

SCOTT, T. *Will YouTube ever run out of video IDs ?*, YouTube, 2016, [En ligne], < https://youtu.be/gocwRvLhDf8 >

Masse et gravité : une question d'équilibre

HEGLUND, N.C. et coll. « Energy-saving gait mechanics with head-supported loads », *Nature*, vol. 375, n° 6526, 1995, p. 52-54.

MALOIY, G.M.O. et coll. « Energetic cost of carrying loads : have African women discovered an economic way ? », *Nature*, vol. 319, 1986, p. 148-152.

WHITCOME, K.K., SHAPIRO L.J. et LIEBERMAN D.E. « Fetal load and the evolution of lumbar lordosis in bipedal hominins », *Nature*, vol. 450, 13 décembre 2007, p. 1075.

Rien ne se perd… pas vrai ?

RAJASEKARAN, G. « The Story of the Neutrino », *arXiv*, 2016, p. 125.

Propager ou ne pas propager la chaleur

BERGE, A. et JOHANSSON, P. *Literature Review of High Performance Thermal Insulation*, Suède, Chalmers University of Technology, 2012.

POTTER, J. *Cooking for Geeks, 2nd Edition – Real Science, Great Cooks, and Good Food*, O'Reilly Media, 2015, 488 p.

QIAO, J.H. et coll. « Knudsen Effect on the Estimation of the Effective Thermal Conductivity of Thermal Barrier Coatings », vol. 22, n° 2, 2013, p. 175-182.

Trouver la solution : acide, neutre ou basique ?

BARBUT, S. et coll. « Progress in reducing the pale, soft and exudative (PSE) problem in pork and poultry meat », *Meat Science*, vol. 79, n° 1, 2008, p. 46-63.

CROTTS G. et coll. « Development of an enteric coating formulation and process for tablets primarily composed of a highly water-soluble, organic acid », *European Journal of Pharmaceutics and Biopharmaceutics*, vol. 51, n° 1, 2001, p. 71-76.

DAVEY, C.L. « Post-Mortem Chemical Changes in Muscle - Meat Aging ». *Reciprocal Meat Conference Proceedings,* vol. 36, 1983, p. 108-115.

DONALDSON, A.E. et LAMONT, I.L. « Biochemistry changes that occur after death : Potential markers for determining post-mortem interval », *PLoS One*, vol. 8, n° 11, 2013, p. 110.

EL RAMMOUZ, R.M. Étude *des changements biochimiques post mortem dans le muscle des volailles – Contribution au déterminisme de l'amplitude de la diminution du pH*. Institut National Polytechnique de Toulouse, 2005.

FAURE, S., GUERRIAUD, M. et CLÈRE, N. Bases fondamentales en pharmacologie, « La phase d'absorption des médicaments », Paris, Elsevier Masson, 2014, 248 p.

GOUTEFONGEA, R. « Les viandes exsudatives. Revue bibliographique », *Annales de zootechnie,* 1963.

HELANDER, H.F. et FÄNDRIKS, L. « Surface area of the digestive tract-revisited », *Scandinavian Journal of Gastroenterology*, vol. 49, n° 6, 2014, p. 681-689.

KOZIOLEK, M. et coll. « Investigation of pH and Temperature Profiles in the GI Tract of Fasted Human Subjects Using the Intellicap® System », *Journal of Pharmaceutical Sciences*, vol. 104, n° 9, 2015, p. 2855-2863.

SAUCIER, L. et FAUCITANO, L. « La qualité de la viande de porc : mieux la comprendre et la contrôler », *Porc Québec*, 2008, p. 45-46.

TERLOUW, C. et coll. « Stress en élevage et à l'abattage : impacts sur les qualités des viandes », *INRA Productions Anim*ales, vol. 28, 2015, p. 169-182.

La trigonométrie des sphères triangulaires

GOLDBAUM, D. et coll. « Review on Cold Spray Process and Technology US Patents », In : SPRINGER, ÉD. *Modern Cold Spray – Materials. Process, and Applications*, 2015, p. 14-29.

IRISSOU, E. et coll. « Review on cold spray process and technology : Part I — Intellectual property », *Journal of Thermal Spray Technology*, vol. 17, n° 4, 2008, p. 495-516.

MORIDI, A. et coll. « Cold spray coating : review of material systems and future perspectives », *Surface Engineering*, vol. 30, n° 6, 2014, p. 369-395.

PÉREZ-DUARTE, S. et SWART, D. « The Mercator Redemption », *Proc-Bridge,* 2013, p. 217-224.

La matière dans tous ses états

FOERG, W. « History of cryogenics : the epoch of the pioneers from the beginning to the year 1911 », *International Journal of Refrigeration*, vol. 25, 2001, p. 283-292.

KALIA, S. « Cryogenic processing : A study of materials at low temperatures », *Journal of Low Temperature Physics*, vol. 158, n° 56, 2010, p. 934-945.

MARTIN, Florian. Développement de la réfrigération à dilution ^{3}He-^{4}He en cycle fermé pour les futures missions scientifiques en satellite. Université Joseph-Fourier, Grenoble I, 2010.

Contenu sous pression !

BALL, J.-L. et coll. « The hydrothermal alteration of cooling lava domes », *Bulletin of Volcanology*, vol. 77, n° 12, 2015, p. 116.

OPPENHEIMER, C. « Climatic, environmental and human consequences of the largest known historic eruption : Tambora volcano (Indonesia) 1815 », *Progress in Physical Geography*, vol. 27, n° 2, 2003, p. 230-259.

POMMERGAARD, H.C. et coll. « Flatulence on airplanes : just let it go », *The New Zealand medical journal*, vol. 126, n° 1369, 2013, p. 68-74.
ROUDEBUSH, P. « Flatulence : Causes and Management Options », *Compendium on Continuing Education for the Practising Veterinarian*, vol. 23, n° 12, 2001, p. 1075-1082.
SUAREZ, F.L., SPRINGFIELD, J. et LEVITT M.D. « Identification of gases responsible for the odour of human flatus and evaluation of a device purported to reduce this odour », *Gut*, vol. 43, n° 1, 1998, p. 1004.

Remerciements

Lorsque j'ai commencé l'écriture de ce livre il y a plus d'un an, j'avais demandé à Florence Porcel, autrice de plusieurs livres de vulgarisation scientifique, de me parler de son expérience : « Ce sera plus difficile et plus long que tu ne le penses », m'avait-elle dit. Elle avait raison. Merci de m'avoir avertie, Florence !

De toute évidence, et comme tout un chacun, mon champ d'expertise est limité. Ainsi, pour la quasi-totalité des secondes parties des chapitres (celles intitulées « Au labo »), j'ai fait appel à des chercheurs ou à des experts du monde industriel afin d'en apprendre plus sur leur travail et comment celui-ci se liait aux notions que je voulais aborder. Je souhaiterais adresser mes plus chaleureux remerciements à :

Bruno Blais, chercheur au CNRC, pour ses explications sur le canon à bille (chapitre 11) ; **Romain Dumoulin**, acousticien, et **Astrid Lamberts**, postdoctorante en astrophysique au California Institute of Technology, pour leurs explications sur les ondes sonores et gravitationnelles (chapitre 1) ; **Alexis Reymbaut**, docteur en physique théorique, pour son explication de la méthode pour atteindre les températures les plus froides et sur l'origine du neutrino (chapitres 8 et 12) ; **Hubert Senez,** spécialiste en antenne de satellite, pour ses précieuses explications (chapitre 7) ; **Anne-Laure Esquirol** et **Isabelle Murray**, ingénieures expertes à CEP Forensique, pour l'enquête sur le robinet défectueux (chapitre 2) ; **David Louapre**, docteur en physique, pour son expertise sur les nanomousses isolantes (chapitre 9) que vous connaissez peut être aussi pour ses vidéos, livres et articles de blogue de vulgarisation sous le nom de

Science étonnante ; **Jessica Ball**, postdoctorante au US Geological Survey, pour m'avoir fait part de son étude des dômes de lave (chapitre 13) ; **Justine-Anne Rowell**, maître en chimie, pour m'avoir expliqué comment son lac artificiel permettait d'étudier l'impact des éléments de terres rares (chapitre 5) ; **Anaïs Goudard**, ingénieure de procédés, pour notre rencontre autour de l'épopée du médicament (chapitre 10) ; **Manuel Vonthron**, développeur, pour ses explications sur les bases arithmétiques (chapitre 6) ; et enfin **Franck Le Naveaux,** docteur en mécanique, pour son aide sur les simulations de scoliose (chapitre 3).

Un premier livre est une aventure remplie d'incertitudes avec la crainte constante de propager une erreur. Il faut dire que le format papier ne pardonne pas. Afin de minimiser les risques, j'ai fait appel à d'autres relecteurs techniques pour certaines des parties intitulées «Au jour le jour» et dont l'aide a été très précieuse. Merci à **Alexis Reymbaut**, **Rémi Franco** (*Brusicor02* sur Twitter), **Jérôme Cottanceau** (*Eljj* sur la blogosphère et YouTube), **Jérémy Descoux** (*Asclepios* sur YouTube) et **Nadège Descoux**. Grâce à leur aide, j'espère avoir minimisé mes erreurs et que celles qui restent soient mineures.

J'aimerais également remercier tous ceux qui ont pris le temps de me relire dès les premières versions, quand le texte était encore bancal. Leur bienveillance pour me signaler les failles de mes écrits ou les passages un peu âpres ont grandement participé à l'amélioration de ce que vous venez de lire. Merci à **Manuel Vonthron, Brigitte Lalande, Franck Le Naveaux, Manon Sterba** et **Roxanne Dubé-Cyr**.

Un grand merci également à ceux qui m'ont donné un coup de pouce ponctuel à un moment ou à un autre de cette aventure, **Marie-Ève Berlinger, Clément Hartmann, Vled Tapas, Emmanuel Lalande, Pascale Baugé, Adrien Gontier, Elizabeth Monanteras, Jean Negrel, Marianne Lalande, Amina El Kasmi**, ainsi que l'**association du Café des sciences**.

J'ai aussi découvert à quel point l'écriture d'un livre implique le travail de nombreuses autres personnes qui agissent dans l'ombre pour que ce produit final soit le plus parfait possible. Merci à toute l'équipe des Éditions de l'Homme pour tout leur travail de relecture, d'illustrations, de mise en page…

Enfin, j'aimerais prendre le temps de remercier deux personnes qui ont beaucoup fait pour que ce livre soit ce qu'il est :

Élizabeth Paré, éditrice, avec qui j'ai eu le bonheur de travailler. Grâce à sa précision, sa rigueur et sa compréhension à la fois de ce que je cherchais à communiquer et du public cible, les derniers mois d'écriture ont beaucoup plus ressemblé à un travail d'équipe, brisant la solitude et les nombreuses incertitudes qui m'habitaient. Merci, Élizabeth.

Manuel Vonthron qui, en plus d'être le seul à avoir lu toutes les versions de ce livre, a été d'une aide inestimable pour relever les zones à améliorer et d'un soutien constant dans tous mes projets depuis de nombreuses années. Merci, Manuel.

Suivez-nous sur le Web

Consultez nos sites Internet et inscrivez-vous à l'infolettre pour rester informé en tout temps de nos publications et de nos concours en ligne. Et croisez aussi vos auteurs préférés et notre équipe sur nos blogues !

EDITIONS-HOMME.COM
EDITIONS-JOUR.COM
EDITIONS-PETITHOMME.COM
EDITIONS-LAGRIFFE.COM
RECTOVERSO-EDITEUR.COM
QUEBEC-LIVRES.COM
EDITIONS-LASEMAINE.COM

Imprimé chez Marquis Imprimeur inc.